ÉTUDES

DE

MICROMAMMALOGIE.

BRUXELLES, IMPRIMERIE DE M. HAYEZ.

ÉTUDES

DE

MICROMAMMALOGIE.

REVUE

DES

MUSARAIGNES, DES RATS ET DES CAMPAGNOLS,

SUIVIE

D'UN INDEX MÉTHODIQUE

DES MAMMIFÈRES D'EUROPE;

par

Edm. De Selys-Longchamps,

MEMBRE DE PLUSIEURS SOCIÉTÉS SAVANTES.

PARIS,

LIBRAIRIE ENCYCLOPÉDIQUE DE RORET,

rue Haute-Feuille, nº 10 bis.

SE TROUVE AUSSI A BONN, CHEZ AD. MARCUS, LIBR.

1839.

AVANT-PROPOS.

Mon projet avait été d'abord de borner ce travail à la description des petits Mammifères de la Belgique, dont j'avais déjà fait connaître une partie dans une précédente brochure [1], et d'y joindre le tableau des autres genres, mais les comparaisons d'espèces de ce pays avec celles du reste de l'Europe, m'avaient déjà donné occasion d'étudier la plupart d'entre elles, tandis qu'un voyage que j'ai fait en 1838, m'a permis de visiter un assez grand nombre de musées de France, d'Italie, de Suisse et d'Allemagne. Pour rendre cet examen utile à la science, je l'ai toujours dirigé sur les Mammifères indigènes qui s'y trouvaient en prenant des notes sur l'habitat et le facies des individus

[1] *Essai monographique sur les Campagnols des environs de Liége.* 1836.

1

conservés, et en cherchant à me procurer d'autres renseignemens par les professeurs ou directeurs dont plusieurs ont bien voulu continuer depuis leurs relations avec moi.

Je n'avais pu visiter encore l'Angleterre, l'ouest de la France, ni l'Allemagne centrale. J'ai tâché d'y suppléer en y établissant quelques correspondances, qui ont levé beaucoup de doutes sur la synonymie, par la comparaison des objets que l'on m'a envoyés.

Il est malheureusement deux régions importantes sur lesquelles je n'ai encore aucun renseignement précis : la Péninsule espagnole d'une part et la Turquie d'Europe d'autre part. Pour la Russie, il a fallu me contenter de profiter des ouvrages de Pallas, lesquels, il est vrai, ont été reconnus d'une exactitude admirable. On pourrait presque dire que des travaux de ce mérite, sont toujours au niveau de la science.

J'ai peut-être eu tort d'inventer un mot nouveau pour désigner l'étude des Petits-Mammifères. Je me hâte de déclarer que je n'y attache aucune importance, et qu'il ne peut avoir rien de scientifique, en ce sens, que je n'ai pas le moins du monde l'idée de lui donner une acception rigoureuse et encore moins d'en faire une branche distincte de la mammalogie. Par *micromammalogie*, j'entends seulement parler de la recherche et de l'étude des Chéiroptères, des Insectivores et des Rongeurs; en un mot, des trois ordres qui renferment les plus petites espèces de la classe, et dont aucune ne dépasse la moyenne taille, puisque c'est ici qu'on remarque le *Vespertilio pepistrellus*, le *Sorex etruscus* et le *Mus minutus*, et que les représentans les plus grands de ces ordres sont la Roussette, le Tenrec et le Castor, animaux qui n'atteignent pas la taille d'un chien.

Les anciens naturalistes ne s'attachaient guère à connaître que les grands Quadrupèdes, c'est-à-dire les Quadrumanes, les Carnassiers, les Pachydermes et les Ruminans. Les Cétacés étaient relégués parmi les Poissons, la plupart des Édentés parmi les Lézards, et les Marsupiaux, si nombreux maintenant, étaient presque tous inconnus. Des trois ordres que nous nommons Petits-Mammifères, voici les seules espèces d'Europe qui soient citées à l'époque des premières éditions de Buffon et de Linné, il n'y a pas un siècle :

1. La Chauve-Souris.
2. La Taupe.
3. Le Desman.
4. La Musaraigne.
5. Le Hérisson.
6. Le Castor.
7. Le Campagnol.
8. Et le Rat d'eau.
9. Le Lemming.
10. Le Loir et
11. Le Lerot.

12, 13, 14. Le Rat, la Souris, le Mulot.

15. Le Hamster.
16. La Marmotte.
17. L'Écureuil.
18. Le Porc-Épic.
19. Le Lièvre et
20. Le Lapin.

En tout vingt espèces, et nous en citerons plus de cent. On voit combien la science a fait de progrès depuis, grâce aux travaux de Pallas, de Daubenton et d'Hermann, qui, les premiers, ont fait voir à la fin du siècle dernier, combien de petites espèces se trouvaient confondues sous les noms vagues de Chauve-Souris, de Musaraigne, de Rat et de Mulot. Ils ont ouvert un vaste champ aux observateurs zélés, qui purent porter leurs recherches dans les climats étrangers ou qui, par un système que je ne saurais assez approuver, pensent que la connaissance exacte de la faune indigène est beaucoup plus intéressante que l'amoncellement de richesses exotiques, dont le moindre inconvénient est de ne pouvoir jamais se compléter dans les collections particulières.

M. Temminck eut l'heureuse idée de réunir dans un ouvrage séparé, tous les Oiseaux d'Europe, et l'ornithologie lui doit beaucoup, car c'est depuis cette époque qu'un grand nombre de collections exclusivement indigènes se sont formées, parce qu'on a vu qu'il était très-possible de réunir quatre à cinq cents espèces, tandis que les six mille oiseaux exotiques effrayaient l'imagination des plus intrépides collecteurs. De là, les nombreuses découvertes faites jusque dans les contrées de l'Europe qu'on pensait les mieux explorées, et aujourd'hui un oiseau nouveau d'Europe est beaucoup plus recherché qu'une espèce nouvelle de l'Himalaya ou de l'Océanie [1].

[1] Cette disposition d'esprit des amateurs est si grande que, si une tempête apporte sur nos côtes quelqu'espèce d'Afrique ou d'Amérique, commune et anciennement connue, le prix en double de suite chez les marchands, parce qu'on l'inscrit au catalogue des européennes.

De tous côtés on s'occupe de faunes locales, mais je crois qu'il n'existe encore aucun ouvrage qui concerne toute l'Europe pour la classe des Mammifères. C'est ce qui m'a engagé à publier l'index que l'on trouvera à la fin de ce volume. Je l'avais déjà rédigé pour ma propre utilité, ayant le projet de me former une collection séparée de tous les Mammifères d'Europe. J'espère qu'il pourra servir de point de départ pour de nouvelles investigations qui viendront l'augmenter ou le corriger. Comme je le disais tout à l'heure pour les oiseaux, de même l'étude et la collection des Mammifères indigènes n'effraieront plus l'imagination des amateurs, lorsque l'on verra qu'*elles ne comprennent pas plus de* 180 *espèces,* dont plus de cent de très-petite taille. Je ne parle pas des vingt espèces de Cétacées, puisqu'aucun musée ne les possède encore toutes. Je ferai observer que, pour cette raison, je n'ai pu éclaircir ces espèces dont j'ai dû faire mention d'après les auteurs. Je le répète, mon désir est de voir se répandre le goût des collections indigènes, et je serais heureux d'avoir pu y contribuer.

Quant aux trois monographies détaillées qui précèdent l'index, ce sont celles des genres les moins connus et les plus nombreux en espèces. La plupart des autres Rongeurs peuvent être reconnus dans les ouvrages de Pallas, de Desmarest, de Fréd. Cuvier et de M. De Blainville. On pourra guider ses recherches d'après la synonymie abrégée que je donne à l'index méthodique. Il est une quatrième famille, celle des Chauves-Souris, dont j'aurais voulu décrire en détail toutes les espèces d'Europe, mais malgré mes efforts, je n'ai pu avoir sous les yeux toutes les espèces décrites, et cela était indispensable pour ne travailler qu'avec certitude. J'ai donc mieux aimé renvoyer aux ouvrages de Kuhl, sur celles d'Allemagne, et du prince de Musignano, sur celles d'Italie, les deux auteurs qui ont rendu le plus de services à la connaissance des Chéiroptères d'Europe, et dont toutes les descriptions et figures sont parfaitement exactes.

J'ai maintenant à m'acquitter d'un devoir bien agréable pour moi, en remerciant publiquement les savans qui ont bien voulu concourir à rendre cet ouvrage moins imparfait par leurs précieuses communications, ou par l'envoi d'objets de comparaison.

Je crois utile de joindre un court renseignement sur quelques-unes de leurs collections, ce sont :

En Italie. Le prince Charles-Lucien Bonaparte de Musignano, auteur de l'*Iconographia della Fauna italica*, où se trouvent décrits et figurés un grand nombre de *Vespertilio* nouveaux, ainsi que d'autres Mammifères peu connus d'Italie. Son musée de Rome est très-riche en petits Mammifères d'Europe et de l'Amérique septentrionale.

Le professeur Paolo Savi, à Pise, directeur du musée de l'université, où se trouve presque toute la faune d'Italie. Ses notices sur le *Sorex etruscus*, le *Mus tectorum* et les *Arvicola* de Toscane, ont été publiées dans le *Nuovo Giornale de' litterati* de Pise. Je lui dois des objets de comparaison.

Le professeur Balsamo Crivelli, à Milan. Il m'a remis plusieurs *Arvicola* et *Sorex* de Lombardie, et continue à s'en former une collection.

En Suisse. M. le professeur P.-J. Pictet de la Rive, directeur du musée de Genève, dont les Mammifères sont en voie de progression, grâce à ses soins. Il m'a fourni plusieurs renseignemens importans.

M. le docteur F. Mayor, de Genève, s'occupe dans ses loisirs de la faune de la vallée du Rhône.

M. le professeur Schinz, à Zurich, m'a adressé plusieurs renseignemens aussi très-utiles sur les Rongeurs et les Musaraignes du Mont-St-Gothard.

En France. M. J. Holandre, bibliothécaire et directeur du cabinet de la ville de Metz, auteur de la *Faune de la Moselle.* Dans cet excellent petit ouvrage, il a très-bien éclairci les *Vespertilio* et les autres espèces du département, et m'en a remis un bon nombre d'échantillons.

M. P. Millet, à Angers, auteur de la *Faune de Maine-et-Loire.* Cet ouvrage, fait avec grand soin et publié il y a plus de dix ans (en 1828), a signalé plusieurs petites espèces tant en oiseaux qu'en Mammifères, qui n'étaient décrites nulle part à cette époque. Telles que la *Motacilla flaveola* (sous le nom de *Flava* variété), la *Sylvia icterina* (sous le nom de *Trochilus*), l'*Arvicola rubidus* (sous celui d'*A. fulvus*), etc. Il m'a envoyé avec le plus louable empressément tous les types de sa collection, ce qui m'a mis à même de constater leur identité.

M. le docteur Bifferi, à Lyon. Il a recueilli avec soin tous les Rongeurs et les Musaraignes des bords du Rhône, et m'en a remis plusieurs.

M. Paul Gervais, au muséum de Paris. Il a publié entre autres un aperçu de la *Faune mammalogique de la France*.

M. Baillon, à Abbeville. Son catalogue des animaux de l'arrondissement d'Abbeville, contient l'indication de plusieurs Mammifères intéressans.

En Allemagne. La correspondance de M. Herm. Nathusius, à Hundisburg, près Magdebourg, et celle du Révd. Léonard Jenyns, *en Angleterre*, m'ont été d'un grand secours, ainsi que je me plais à le témoigner.

Parmi les musées que j'ai eu occasion de visiter, je citerai comme les plus riches en petits Mammifères, tant européens qu'exotiques :

1° Le musée de Francfort-sur-Mein; c'est le plus riche en ce genre, et on le doit aux voyages de M. Ruppel, en Afrique, et aux efforts infinis que M. le Dr Cretschmar a faits pour se procurer les espèces de Sibérie. C'est là seulement que j'ai vu la plupart des Rongeurs de Sibérie, décrits par Pallas (tels que le *Cricetus songarus*, l'*Arvicola saxatilis*, etc.);

2° Le musée de Lyon, dirigé par M. le professeur

Jourdan ; presque tous les genres y existent et y sont préparés admirablement ;

3° Le musée de Paris, par M. Isid. Geoffroy-St-Hilaire, et le cabinet d'anatomie comparée par M. de Blainville ;

4° La collection de Strasbourg, augmentée en Musaraignes exotiques, par M. Duvernoy ;

5° et 6° Le musée Musignano, à Rome, et le musée de Pise, dont j'ai déjà parlé.

Au nombre des personnes qui concourent le plus en ce moment aux progrès de cette partie de la science, je dois aussi citer le docteur Bachman, de Charlestown, qui est venu en Europe, en 1838. Il a publié d'excellentes monographies des Lièvres et des Musaraignes d'Amérique.

Liége, 24 mai 1839.

ÉTUDES

DE MICROMAMMALOGIE,

SUIVIES D'UN

INDEX MÉTHODIQUE

DES MAMMIFÈRES EUROPÉENS.

REVUE

DES MUSARAIGNES, DES RATS ET DES CAMPAGNOLS D'EUROPE.

---

§. 1.

REVUE DES MUSARAIGNES D'EUROPE.

CARACTÈRES COMMUNS AUX DIVERS GROUPES.

Les deux incisives supérieures intermédiaires à crochets ayant un fort talon. Les deux inférieures longues à tranchant lisse ou dentelé, ne se courbant qu'à leur extrémité. Les deux incisives latérales supérieures beaucoup plus petites que les intermédiaires ainsi que les canines. Les vraies molaires à couronne large hérissée de petites pointes.

Formule dentaire suivant M. de Blainville, d'après la situation des dents. — Incisives $\frac{3-3}{1-1}$, canines $\frac{1-1}{1-1}$, molaires $\frac{4-4 \text{ ou } 5-5 \text{ ou } 6-6}{4-4}$, total 28,30 ou 32 dents.

Formule dentaire d'après la forme des dents. — Incisives $\frac{2}{2}$, avant-molaires, fausses canines et incisives latérales $\frac{3-3 \text{ ou } 4-4 \text{ ou } 5-5}{2-2}$, molaires $\frac{4-4}{3-3}$, total *égal* 28,30 ou 32 dents.

Observation. — Les incisives latérales, ou fausses canines supérieures de Desmarest, portent le nom de *petites dents intermédiaires*, parce qu'elles sont situées entre la grande incisive et la première des vraies molaires à couronne hérissée de pointes. Ainsi d'après le disparate des formes, on peut dire qu'il n'y a dans la mâchoire supérieure que deux incisives, quatre vraies molaires de chaque côté, et que les trois, quatre ou cinq petites dents intermédiaires sont en partie des incisives latérales, des canines et des avant-molaires, *selon leur insertion*, mais qu'elles ont toutes une forme à peu près semblable.

Tête allongée. Nez très-prolongé, mobile. Oreilles externes courtes ou souvent presque nulles. Yeux très-petits. Pieds médiocres, plantigrades à cinq doigts faibles, entièrement divisés, munis d'ongles crochus non propres à fouir. (Les pieds postérieurs proportionnés avec les antérieurs). Queue médiocre de la longueur du corps ou un peu plus courte, arrondie, un peu comprimée.

Synonymie. — SOREX. L. et Auct.
MUSARANEUS. Briss.
SOREX CROSSOPUS et CROCIDURA. Wagler. 1831.
SOREX AMPHISOREX et HYDROSOREX. Duvern. 1835.
CORCIRA, MYOSOREX, SOREX, AMPHISOREX et CROSSOPUS. Gray. 1837.

La formule dentaire des Musaraignes est très-controversable, quant à la détermination de chacune des dents intermédiaires, et chaque opinion a de respectables appuis. Les uns s'attachent à la forme des dents et les autres les nomment d'après la place de leur intersection dans l'os intermaxillaire : le fait est que cette famille, ainsi que les autres genres de l'ordre des Insectivores, présente beaucoup d'anomalie sous ces deux points de vue; dans cette alternative, j'ai préféré présenter sans me décider, les deux systèmes opposés, et m'en tenir à examiner scrupuleusement le nombre total des dents dont la forme varie dans les différens groupes inférieurs [1].

Les Musaraignes ou Soricidées, forment une famille naturelle composée de plusieurs petits genres et sous-genres, qui ont beaucoup de caractères communs, non-seulement entre eux, mais encore avec plusieurs coupes plus distinctes, ainsi on doit en rapprocher : 1° Les Desmans (*Myogalea*), à pieds palmés; 2° les Macroscélides à jambes postérieures très-longues; 3° les *Tupaja*, à queue d'Écureuil et à pieds grimpeurs. La famille prise en masse d'après ses affinités naturelles, doit être placée entre celle des Taupes et des Hérissons. Il est digne de remarque que parmi les Mammifères insectivores, la nature s'est plue à reproduire le facies extérieur des principaux types des Rongeurs; ainsi les Taupes ont les pieds et les yeux des Rats-Taupes. Les Desmans ressemblent aux Castors, les Musaraignes aux Souris et aux Campagnols; les Macroscélides ont les pieds et le facies des Gerboises, les *Tupaja* des Écureuils et les Hérissons des Porcs-Épics. On pourrait

[1] Par un motif semblable j'aurai égard surtout au nombre TOTAL des vertèbres sacrées et caudales *réunies*, la détermination de ces deux sortes des vertèbres pouvant varier selon la manière de voir.

même pousser ces comparaisons beaucoup plus loin, en ayant égard à la patrie et aux habitudes de ces différens genres. Tous ces types sont reproduits également chez les Marsupiaux, et avec de plus grandes différences chez les Carnassiers.

Les Musaraignes sont de très-petits animaux nocturnes qui vivent d'insectes. Leur naturel est excessivement cruel : lorsqu'ils sont renfermés ensemble, les individus d'une même espèce ne tardent pas à s'entre-dévorer. La conformation faible des pieds de la plupart des espèces, les rend incapables de se creuser des garennes. Elles se bornent donc à habiter de petites excavations ou les trous abandonnés par d'autres animaux.

Les Musaraignes habitent toutes les parties du globe, à l'exception de l'Océanie et probablement aussi de l'Amérique méridionale ; les genres *Sorex* et *Crossopus* de Wagler, sont de tout l'hémisphère boréal, à l'exclusion de l'Afrique, tandis que le genre *Crocidura* ne se trouve pas dans le nouveau continent, ni dans les contrées froides de l'ancien, mais s'étend au contraire dans les contrées méridionales de l'Afrique et de l'Asie.

Comme les animaux des deux premiers sous-genres ont des habitudes assez semblables, que plusieurs espèces semblent intermédiaires et que dans les Musaraignes comme chez les Ours, le nombre des petites dents me paraît un caractère insuffisant pour établir une séparation générique bien distincte, je crois devoir me borner à adopter le seul genre *Crocidura* et à réunir sous le nom de *Sorex*, les *Sorex* et les *Crossopus* de Wagler, qui ont beaucoup de caractères communs dans les oreilles, la coloration des dents, le pelage et la queue. Il y a long-temps que les principes de cette division, *en ce qui concerne les oreilles*, avaient été proposés par M. Geoffroy-St-Hilaire, bien qu'il ne les ait pas appliqués dans sa Monographie.

Je crois inutile de parler des différens travaux anciens et modernes faits sur les Musaraignes. Cette tâche a été remplie d'une manière au-dessus de tout éloge par M. Nathusius d'abord (*Archives de Weigmann*, janvier 1838), puis complétée un peu plus tard par M. de Blainville (*Annales françaises et étrangères d'anatomie et de physiologie*). Je prie le lecteur d'avoir recours à ces deux ouvrages. Après de tels travaux, il convenait mieux de considérer comme closes les discussions sur les anciennes espèces et de donner succinctement les caractères de celles définitivement admises. Je ferai seulement observer que les principes de la classification, d'après la dentition, et qui est maintenant adoptée, sont *entièrement* dus à Wagler, qui gâta ce beau travail par la création d'une multitude d'espèces nominales, dont aucune n'a pu être conservée, ainsi qu'on le verra par la synonymie ; car peu de genres ont donné lieu à autant de doubles emplois. On en est arrivé au triste résultat d'avoir plus de dix-huit noms à choisir pour désigner la Musaraigne d'eau !.... M. Duvernoy a rendu aussi un important service à l'étude des Musaraignes, en reproduisant en France la classification de Wagler et en examinant les individus types de Hermann. Il est à regretter seulement qu'il ait cru devoir changer la nomenclature de Wagler. M. Gray a encore changé les noms et créé des espèces nominales.

I. GENRE MUSARAIGNE. (*SOREX*. Lin.)

Synonymie. — Sorex. Lin. Gm. Pall. Cuv.
Sorex et Crossopus. Wagl.
Amphisorex et Hydrosorex. Duvern.
Corsira, Crossopus et Amphisorex. Gray.
Musaraigne d'eau et partie des Musaraines terrestres. Geoffroy-St-Hilaire.

Caractères.—La pointe de toutes les dents plus ou moins colorée en brun ou en rougeâtre. Oreilles beaucoup plus courtes que le poil, cachées. Queue quadrilatère ou comprimée, à poils égaux (sans longs poils épars comme dans le genre *Crocidura*). Pelage très-serré, analogue à celui de la Taupe. Trente ou trente-deux dents.

Nous décrivons la dentition en détail à l'article des deux sous-genres qui composent notre genre *Sorex;* mais on peut ajouter que dans tous les deux le talon des deux incisives intermédiaires supérieures égale le niveau de la pointe, ce qui n'existe pas chez les *Crocidura,* qui ont trente dents comme les *S. etruscus* et *indicus*.

Nos *Sorex* habitent les contrées froides et tempérées des deux mondes, mais sont étrangers à toute l'Afrique et à l'Asie méridionale; leurs habitudes sont plus ou moins aquatiques, leur stridulation assez semblable à celle des Chauves-Souris. Nous croyons que cette coupe caractérisée par la coloration des dents, la brièveté des oreilles, la nature du pelage et l'uniformité des poils de la queue, est naturelle, et qu'une division générique plus grande manquera de précision, puisque la dentelure des incisives est un caractère qui s'altère avec l'âge et qu'une petite dent rudimentaire intermédiaire de plus ou de moins, ne peut indiquer une nature bien différente, puisqu'on devrait alors éloigner *S. araneus* de *S. etruscus* pour le joindre au contraire à *S. fodicus*, ainsi que M. de Blainville y a été conduit par la rigueur de ses principes.

I. SOUS-GENRE SOREX. Wagler. 1832.

—

Synonymie. — Amphisorex. Duvern. 1838.
Hydrosorex. Duvern. 1834 (*partim*).
Corsira. Gray. 1837.

Les deux dents incisives inférieures *à tranchant dentelé;* les deux supérieures fourchues, ayant leur talon prolongé au niveau de leur pointe. Les petites dents intermédiaires qui les suivent au nombre de cinq, très-rarement de quatre, colorées plus ou moins à leur pointe et diminuant graduellement de la première à la dernière (Duvernoy), en tout trente ou trente-deux dents. Queue de forme égale, un peu carrée chez les vieux, arrondie et un peu étranglée à la base chez les jeunes, couverte de poils courts, égaux. Les doigts presque nus, sans bordure de cils raides.

Ces espèces, les plus septentrionales du genre, fréquentent de préférence les bois humides et les jardins; elles vivent de vers et de petits insectes.

N° 1. SOREX TETRAGONURUS. Herm.

MUSARAIGNE CARRELET.

Diagnose. — *Taille du* S. araneus. Pelage *velouté*, analogue à celui de la Taupe. Queue d'*égale grosseur*, *presque carrée*, un peu *plus courte que le corps*. Dos d'un brun noirâtre ou roussâtre. Une ligne rousse le long des flancs. Dessous du corps cendré plus ou moins clair. Dents colorées à leurs extrémités. Incisives inférieures dentelées.

Dimensions. — (Voyez le tableau.)

Synonymie. — Sorex tetragonurus. Herm. Geoff. Hollandre. Duvern.
— vulgaris. Linn. (*Faune suec.*) Nath. Blainv.
— araneus. Linn. (*Faune suec.*, édit. 2.) Melchior.
— cunicularius. Becht.
— fodiens. Becht. Brehm.
— eremita. Becht.
— constrictus. Geoffr. Millet (*nec* Hermann).
— melanodon (*juvenis*). } Wagler.
— concinnus (*adultus*). } Wagler.
— rhinolophus (*senex*). } Wagler.
— coronatus (*varietas*). Millet.
— hermanni (*senex*). Hollandre (*nec* Duvern.).

Dessus du dos et de la tête d'un brun noirâtre ou roussâtre selon les individus. Dessous du corps et gorge d'un cendré blanchâtre plus ou moins clair ; cette couleur remonte très-haut sur les flancs, et au moment où elle rencontre celle du dos, il y a le long du corps une nuance rousse étroite; la transition entre le cendré clair et le noirâtre est par conséquent moins forte que dans le *S. leucodon*, mais elle est beaucoup plus tranchée que chez l'*Araneus*. Queue de grosseur partout égale, un peu carrée, surtout chez les vieux, plus longue que la moitié du corps, couverte de poils égaux et très-courts qui sortent des anneaux écailleux, ou nue d'un brun foncé en dessus, blanchâtre en dessous, terminée le plus souvent par un petit pinceau. Museau presqu'aussi prolongé que dans le *S. pygmeus*, très-velu. Pieds presque nus ou à poils très-courts, écailleux, blanchâtres, qui laissent voir la couleur de chair.

Les ongles non recouverts par les poils. Dents incisives très-dentelées, très-colorées en brun noirâtre chez les jeunes et presque décolorées et à dentelure très-usée chez les vieux.

Habite presque toute l'Europe, depuis la Suède jusqu'en Italie, et depuis l'Espagne jusque dans la Russie méridionale, aussi en Angleterre. Elle se trouve dans les jardins et les bois humides. On l'entend le soir courir dans les haies touffues en jetant un petit cri semblable à celui de certaines sauterelles. Ce petit animal est très-cruel; si on le renferme avec une grosse grenouille, il ne tarde pas à l'attaquer et à la dévorer. Il tue aussi le *S. araneus* et répand une forte odeur de musc, ce qui fait que les chats le tuent mais ne le mangent pas.

Je n'ai pas adopté le nom de *Sorex vulgaris* (Lin., *Mus. Adolph.*), parce que Linné lui-même y a renoncé dans les éditions postérieures, et que la dénomination de Hermann est beaucoup plus caractéristique; il est d'autant plus juste de conserver la nomenclature de ce dernier, qu'il est le premier qui ait reconnu l'existence de plusieurs espèces confondues sous le nom de *S. araneus*, ce qui était cause de la discordance des diverses descriptions antérieures.

Le *S. tetragonurus* est très-variable selon l'âge et les individus dans la nuance plus ou moins noirâtre ou roussâtre de son pelage, dans l'intensité de la coloration et de la dentelure des dents, enfin dans la longueur, la couleur et la contexture de la queue. C'est ce qui a donné lieu à la création des espèces nominales de Wagler. N'ayant pas vu en nature celles qui ont été créées par M. Jenyns, sous les noms de *Sorex rusticus, castaneus* et *labiosus,* je n'oserais me prononcer sur leur compte, et je me bornerai à reproduire dans l'appendice les descriptions de cet auteur.

Voici le signalement de quelques-uns des individus les plus remarquables de ma collection :

N° 1. Parties supérieures d'un brun très-roussâtre. Queue presque nue. Dents toutes blanches, à dentelure toute-à-fait *détruite*. (C'est un très-vieil individu ; il répond au *S. Hermannii*, Hollandre *nec* Duvernoy).

N° 2. Parties supérieures d'un brun très-noirâtre. Queue presque nue. Dents légèrement teintes de rougeâtre et dentelure peu marquée. (C'est aussi un très-vieil individu, il répond au *S. concinnus*, Wagler).

N° 3. Presque noir en dessus, roux vineux-foncé sur les flancs, blanchâtre en dessous. Pelage très-long, très-doux. Queue écailleuse, presque toute noirâtre. Dents rougeâtres, dentelées. (C'est un adulte en *hiver;* il répond au *S. macrotrichus* de Mehlis M. SS.)

N° 4. Brun foncé én dessus. Queue bicolore, terminée par un pinceau. Dents incisives très-colorées en rouge-noirâtre, très-dentelées. (Ce sont les individus ordinaires ou jeunes, le *S. melanodon*, Wagler).

N° 5. M. Nathusius, qui possède les individus du *Sorex rhinolophus* de Wagler, dit que ce sont de très-vieux individus chez lesquels les poils du nez se redressent de manière à former une petite crête assez remarquable.

N° 6. Je décrirai ici un individu très-remarquable de la Lombardie. Il est presque tout noir en dessus comme le n° 3, mais cette couleur se fond tout-à-fait avec le dessous qui est d'un cendré roussâtre, foncé comme le *S. ciliatus* et la gorge cendrée. Les pieds et la queue, qui est très-courte et tout écailleuse, sont aussi de cette couleur. Les dents sont très-colorées et les poils du nez se redressent en crête, ce qui indique un vieux. Si le *S. tetragonurus* n'était pas si variable, j'aurais cru que c'était une espèce différente. Elle m'a été donnée par M. le professeur Balsano Crivelli, de Milan.

En outre de ces diverses variations, j'en connais deux qui sont purement accidentelles :

α. *Var.* Albine.

β. *Var.* Sorex coronatus. Millet (*Faune de Maine-et-Loire*).

Dans celle-ci, le dessus de la tête est occupé par une espèce de masque plus foncé, qui s'étend depuis le bout du museau jusqu'au sommet de la tête, et passe sous les yeux, où il est bordé par une ligne cendrée.

Un seul individu a été observé près d'Angers, par M. Courtillé, puis décrit et figuré par M. Millet. On ne peut douter que ce ne soit une variété purement accidentelle du *S. tetragonurus*.

Observations. — J'ai recueilli une seule fois, en 1833, dans un champ de blé situé à Longchamps-sur-Geer (province de Liége), une très-petite Musaraigne dont les dimensions conviennent assez bien au *S. pygmeus*, ainsi qu'on peut le voir au tableau comparatif des dimensions : *mais sa queue paraissant d'égale grosseur partout*, on doit la rapporter plutôt à un jeune individu du *S. tetragonurus*. Sa couleur est d'un brun clair en dessus, cendré blanchâtre en dessous; cette couleur ne remonte pas sur les flancs. La gorge est teinte de jaunâtre. La queue, proportionnellement plus longue que dans les *Tetragonurus* adultes, est très-garnie de poils bruns en dessus, blancs en dessous, qui forment un pinceau à son extrémité. Cet individu étant desséché, on ne peut pas établir sur lui un jugement définitif. Peut-être est-ce le *S. rusticus* de Jenyns, car notre *Tetragonurus* se rapporte très-bien au sien. (Voyez plus bas l'Appendice). Le museau de ce petit individu est en effet très-long et très-effilé.

N° 2. SOREX PYGMEUS. Laxmann.

MUSARAIGNE PYGMÉE.

Diagnose. — Taille de la *moitié de celle du* S. araneus. D'un gris brun en dessus, cendré en dessous. Queue un peu plus courte que le corps, *couverte de poils égaux*, étranglée à la base, *épaisse ensuite* et *finissant en pointe*. Dents colorées à leur extrémité. Incisives inférieures dentelées.

Dimensions. — (Voyez le tableau.)

Synonymie. — Sorex pygmeus. Laxm. Pall. Nath. Blainv. Duvern.
— minutus. Laxm. Linn. Zimmerm. (Mutilé.)
— minutissimus. Zimmerm.
— exilis. Gm.
— minimus. Geoffr.
— coecutiens. Laxm.
— pumilio. Wagl.

Dessus du corps et de la tête d'un gris brun, plus ou moins glacé de fauve marron. Toutes les parties inférieures cendrées, à l'exception de la gorge et des lèvres qui sont blanchâtres et un peu lavées de roux. Queue d'un fauve assez vif, en dessus plus pâle en dessous, étranglée à la base, ensuite épaisse (jusqu'à une ligne 1/5), arrondie et finissant en pointe, très-garnie de poils égaux qui forment un pinceau de plus de deux lignes à son extrémité, mais laissant voir cependant les anneaux écailleux. Museau très-prolongé et velu. Oreilles très-courtes, cachées dans le poil, mais plus apparentes cependant que dans le *Tetragonurus*. Pieds blanchâtres, plus hérissés de poils qui couvrent la racine des ongles.

Habite la Sibérie, la Russie et l'Allemagne jusqu'à Francfort-sur-le-Mein, qui paraît être sa limite occidentale. Commune en Silésie. C'est après le *Sorex etruscus*, le plus petit des Mammifères connus. Son poids est de trente-trois à quarante grains.

Le *Sorex minutus* de Laxmann et de Linné a été établi d'après un individu de cette espèce, dont la queue avait été retranchée par accident.

N° 3. SOREX ALPINUS. Schinz.

MUSARAIGNE DES ALPES.

Diagnose. — *Taille du* S. araneus, mais queue *plus longue que le corps*. Pelage *gris cendré presqu'uniforme*. Dents colorées à leur extrémité, les incisives inférieures dentelées.

Dimensions. — (Voyez le tableau.)

Synonymie. — Sorex alpinus. Schinz. Duvernoy.

Cette espèce, qui se rapproche du *Tetragonurus* par la dentition, s'en distingue au premier coup d'œil par la grande longueur de sa queue poilue colorée, cendrée en dessus, garnie de grands poils blancs en dessous. Le pelage est d'un gris d'ardoise assez pur en dessus, passant insensiblement à une nuance un peu plus claire en dessous. Cette couleur cendrée n'existe dans aucune des variétés du *Tetragonurus*, et se rapprocherait plutôt de certains individus de l'*Araneus*. Pieds cendrés. Moustaches très-longues, blanchâtres.

Habite le Mont-St-Gothard, où elle a été découverte par M. le professeur Schinz de Zurich. Par l'ensemble de ses formes, elle fait le passage des vrais *Sorex* au sous-genre *Crossopus* de Wagler. Elle se tient le long des torrens alpestres.

II. SOUS-GENRE CROSSOPUS. Wagler. 1832.

Synonymie. — Hydrosorex. Duvernoy. 1838.
Amphisorex et Hydrosorex (*partim*). Duvern. 1834.
Crossopus et Amphisorex. Gray. 1837.

Dents incisives inférieures à tranchant simple *sans dentelures ;* les incisives supérieures en hameçon ; les deux premières petites dents suivantes égales ; la troisième un peu plus petite ; la quatrième rudimentaire. La pointe des incisives et celle des molaires colorées en rougeâtre plus ou moins foncé. (Duvernoy.)

Total des dents, trente, dont quatre intermédiaires supérieures. Oreilles velues, beaucoup plus courtes que le poil. Queue plus ou moins comprimée dans une partie de sa longueur ; couverte de poils courts, écailleux, *égaux*. Pieds très-larges, bordés de cils raides, servant à la natation. (Des régions septentrionales des deux mondes.)

Ce sous-genre, composé d'espèces aquatiques, se rapproche un peu des *Desmans*. Leur nourriture consiste principalement en insectes aquatiques, en têtards et en petites Grenouilles. Elles nagent et plongent avec facilité. Leur pelage, analogue à celui de la Taupe, est très-épais et imperméable.

N° 4. SOREX FODIENS. Pall.

MUSARAIGNE D'EAU.

Diagnose. — Taille *plus forte que celle de l'*Araneus. Pelage *velouté*. Queue de la longueur du corps ou un peu plus courte, *comprimée*. Dessus du corps *d'un beau noir, tranchant avec le dessous* qui est *blanc*, ou blanc lavé de cendré jaunâtre. Dents colorées à leur extrémité. Incisives non dentelées.

Dimensions. — (Voyez le tableau.)

Synonymie. — Sorex fodiens. Pall. Gm. Nath. Blainv.
— daubentonii. Erxleb. Geoffr.
— hydrophilus. Pall. (*Zoogr. rossica.*)
— bicolor. Shaw.
— fluviatilis. } Becht.
— fodiens. }
— stagnatilis. } Brehm.
— rivalis. }
— musculus. } Wagl. (*juvenis.*)
— psilurus. }
— leucurus. Shaw. (*juvenis.*)
— pennantii. Gray.
— hermannii. Duvernoy (*aberratio.*)
— constrictus. Hermann. (*juvenis.*)
— aquaticus. Herm. (d'après Daubenton.)
— leucodon. Geoff. (*nec* Hermann) (*juvenis.*)
Musaraigne d'eau. Daubenton.
Le Greber. Vicq d'Azyr.

Les synonymes suivans se rapportent à des individus un peu plus grands.

Sorex macrourus. Lehmann.

SOREX CARINATUS, Hermann.
— NATANS. Brehm.
— NIGRIPES. Melchior.
AMPHISOREX LINNEANA. Gray.

D'un noir velouté en dessus, blanc ou blanchâtre en dessous. Cette dernière couleur tranche sur les flancs avec le noir du dessus, mais elle est loin d'être toujours d'un blanc pur. Chez les uns elle est teinte de roussâtre, chez les autres de cendré. Les bords de la lèvre supérieure sont aussi blanchâtres, ainsi qu'une très-petite tache en arrière de l'œil. Pieds couverts de poils très-courts, cendré-foncé et bordés de cils raides, serrés, grisâtres. Queue noirâtre, presque aussi longue que le corps, comprimée dans presque toute sa longueur, composée d'anneaux écailleux et bordée en dessous par une frange longitudinale de poils raides, blanchâtres, faisant l'office de rame. Museau gros, proportionnellement à celui des autres *Sorex*. Moustaches noires.

Je viens de décrire l'espèce dans son état le plus normal. Nous passerons maintenant aux variétés que j'ai recueillies, et dont plusieurs semblent tellement intermédiaires entre le *S. fodiens* et le *S. ciliatus*, que j'aurais réuni ces deux espèces, si quelques doutes ne subsistaient encore dans l'esprit de plusieurs observateurs recommandables.

Var. α. — Le ventre très-teinté de jaunâtre; la séparation des deux couleurs moins distincte.

Cette variété se rapproche sous ce rapport de la variété du *S. ciliatus* à ventre blanchâtre; mais les oreilles sont noires et l'œil offre la tache blanche du *Fodiens*.

Var. β.—Un bouquet de poils blancs aux oreilles comme dans le *S. ciliatus*. Tout le reste du pelage au contraire très-bicolore. La tache blanche derrière l'œil existe.

Cet individu, assez jeune, provient de St-Gervais, au pied du Mont-Blanc. M. Nathusius pense que cette tache blanche de l'oreille est un caractère qui se voit souvent chez les jeunes *Fodiens.*

Var. γ. Sorex macrourus. Lehmann. — S. natans. Brehm. ou S. carinatus. Herm. Ne diffère des individus ordinaires que par une taille d'un quart plus forte.

Les individus des bords de la Mer Baltique sont souvent dans ce cas; au reste, c'est à peine une variété, et l'individu décrit par M. Lehmann n'existe plus au musée de Hambourg. Cet auteur n'avait pas sous les yeux d'individu du *S. fodiens,* lorsqu'il a établi son espèce, mais la description indique parfaitement un *S. fodiens,* qui surpasse d'un quart ceux de France, et dont la queue dépassant un peu le corps, est par conséquent plus longue en proportion. Mais rien n'est plus variable que la longueur de cette partie, et c'est tout-à-fait à tort que M. Gray en fait un caractère distinctif de son *A. pennantii* d'Angleterre et de son *A. linneana* de Bothnie.

Var. δ. Point de tache blanche derrière l'œil.

Celle-ci est assez rare, car la tache blanche derrière l'œil paraît très-constante, de même que l'absence de bouquet de poils blancs aux oreilles. C'est même la persistance de ces deux caractères, qui existent en sens inverse chez le *S. ciliatus,* qui m'a engagé à décrire cette dernière comme espèce séparée jusqu'à de nouvelles observations.

Jeune âge. — J'ai recueilli au mois d'avril un nid de six très-jeunes individus, à peine couverts de poils rudimentaires. Ils étaient de la taille d'un *Sorex etruscus* adulte; leur dos était brun-foncé ; les côtés roussâtres et le dessous du corps blanc.

Les pieds étaient épais, encore sans poils, ainsi que la queue, qui était arrondie dans toute sa longueur et assez étranglée à la base. Je rapporte avec doute ici le *S. constrictus* d'Hermann, parce qu'il dit que le pelage est noirâtre, tant en dessus qu'en dessous, ce qui semblerait indiquer un jeune *S. ciliatus.*

Habite le bord des rivières, les marais et les ruisseaux de presque toute l'Europe, à l'exception du cercle arctique et des contrées méridionales. J'ai comparé des individus du nord de l'Allemagne, de la Lombardie, de la Suisse et des bords de la Loire. Ils ne diffèrent aucunement. Seulement ceux de la Bothnie et des bords de la Baltique sont plus grands, car les variétés de couleur dont j'aiparlé ne sont pas *locales.* Ce petit animal nage et plonge bien. Il se nourrit de Crevettes et autres petits insectes aquatiques, et s'attaque même à des Grenouilles plus grosses que lui.

C'est au *Sorex fodiens* qu'il faut rapporter le *Sorex Hermannii* de M. Duvernoy (mais point le *Sorex Hermannii* de M. Hollandre, qui est un vieux *Sorex tetragonurus*). La couleur brun-clair, sous laquelle M. Duvernoy a fait figurer cet animal, tient à ce qu'il a été conservé pendant de longues années dans l'alcool, ainsi que j'ai pu m'en convaincre au musée de Strasbourg. Les deux autres individus que M. Duvernoy a bien voulu aussi me laisser examiner, sont également des *Sorex fodiens.* Ce professeur a créé le *S. Hermannii,* parce qu'à cette époque il croyait que le *S. fodiens* avait la même dentition que le *S. tetragonurus.*

N° 3. SOREX CILIATUS. Sowerby.

MUSARAIGNE PORTE-RAME.

Diagnose. — Taille *plus forte que celle de l'*Araneus. Pelage *velouté*. Queue un peu plus courte que le corps, *comprimée*. Tout le dessus du corps d'un *brun noirâtre*, s'affaiblissant sur le ventre en *cendré très-foncé*. Gorge d'un cendré clair. Dents colorées à leur extrémité. Incisives non dentelées.

Dimensions. — (Voyez le tableau.)

Synonymie. — Sorex ciliatus. Sowerby (1806). Jenyns.
— remifer. Geoffr. (1811). Desm. Fisch.
— amphibius? Brehm. Fisch.
— collaris. Geoffr. (d'après Manesse.)
— unicolor. Shaw. (*juvenis*.)
— fodiens varietas. Nath. Blainv.
— lineatus. Geoffr. (*varietas*). Fisch.

D'un brun noir en dessus; cendré brun ou brun roussâtre sur le ventre. Cette couleur se confond insensiblement avec celle du dessus. Gorge d'un cendré clair. Un bouquet de poils blancs au lobe supérieur de l'oreille. Pieds couverts de poils très-courts, cendrés, noirâtres et bordés de cils raides, serrés, grisâtres. Queue noirâtre, presque aussi longue que le corps, comprimée dans presque toute sa longueur, composée d'anneaux écailleux et offrant en dessous une frange longitudinale de poils raides cendrés, faisant l'office de rame. Museau gros, proportionnellement à celui du *S. tetragonurus*. Moustaches noires.

Telle est l'espèce dans ses caractères les plus marqués. On voit qu'elle a toutes les formes du *Fodiens,* mais qu'elle en diffère par son ventre, qui est brun, au lieu d'être blanc-tranché ; par une tache blanche à l'oreille et par l'absence de la petite tache de cette couleur en arrière de l'œil. J'ai déjà parlé des *S. fodiens,* qui se rapprochaient du *Ciliatus ;* je vais maintenant signaler les variétés du *Ciliatus,* qui semblent intermédiaires entre ces deux espèces, ou plutôt, ces deux variétés locales d'une même espèce typique, que je continue à séparer, parce que plusieurs auteurs, entre autres Jenyns, disent qu'il y a des différences anatomiques, que la distance entre l'œil et l'oreille est plus grande chez le *Ciliatus*, et enfin, parce qu'il est des contrées où le *Ciliatus* paraît ne pas exister, comme dans le Midi, les bords du Rhône et la Suisse. Sur le continent, il a été observé, à Abbeville, par M. Baillon, qui l'a envoyé à M. Geoffroi-St-Hilaire; mais il était déjà nommé auparavant *S. ciliatus* par Sowerby, qui l'a découvert en Écosse. Ce nom a donc la priorité sur celui de *Ramifer*, et je crois devoir le lui restituer à l'exemple de M. Jenyns. Je l'ai trouvé aux environs de Liége, et j'en ai reçu un individu d'Angers, de M. Millet. Il est plus commun que le *Fodiens*, aux environs de Francfort-sur-Mein. Au reste, il a toutes les habitudes de l'espèce précitée. Sa stridulation est forte et ressemble à celle de la Chauve-Souris noctule.

Var. α. — Point de tache blanche à l'oreille.
Var. β. — Ventre d'un cendré blanchâtre.
Var. γ. — Sorex lineatus. Geoffr.

Cette variété accidentelle, trouvée une seule fois près de Paris, se distingue par une ligne étroite blanche partant du front et longeant le chanfrein entre les deux yeux. C'est à tort qu'elle a été rapportée tout récemment au *Tetragonurus*.

Le *S. collaris* indiqué par M. Geoffroi-St-Hilaire, d'après l'abbé Manesse, comme habitant communément l'embouchure de l'Escaut, n'est que le résultat d'une erreur de mot. Il le dit tout noir avec un collier blanc;

mais par collier, il faut entendre demi-collier, la gorge du *S. ciliatus*, étant effectivement blanche. Le *collier* de la Tourterelle rieuse et vingt autres oiseaux n'est pas plus complet.

Notre *Ciliatus* semble le même que l'*Amphibuis* de Brehm. Cette espèce serait cependant caractérisée par une queue *plus courte que le tiers* du corps. M. Nathusius conserve des doutes sur la réunion de cet *Amphibuis* avec le *Fodiens*, tandis qu'il donne sans réserve le *S. ciliatus* (*Ramifer*. Geoffr.) comme un très-vieux *Fodiens*. Je ferai cependant observer que j'ai vu le *jeune âge* du *Ciliatus*, et qu'il a déjà tous les caractères de couleur qui distinguent l'adulte.

II. GENRE CROCIDURE (*CROCIDURA*. WAGLER).

Synonymie. — SOREX. L. Cuv. Duvernoy. Gray.
CROCIDURA. Wagl. Bonap.
SUNKUS. Ehrenberg.
MUSARAIGNES TERRESTRES. Geoffr.

Caractères. — Les deux incisives inférieures à tranchant simple, non dentelé, et les deux supérieures en hameçon, c'est-à-dire, ayant un talon en pointe. Les trois ou quatre petites dents qui suivent à la mâchoire supérieure, diminuent beaucoup de volume de la première à la deuxième. *Toutes les dents blanches.* (Duvernoy).

En tout vingt-huit ou trente dents dont trois ou quatre intermédiaires supérieures. Oreilles ovales, bien développées, sensiblement plus longues que le poil, presque nues. Queue plus courte que le corps, arrondie, diminuant de grosseur à partir de la base, qui est très-épaisse, parsemée de longs poils isolés, dépassant les autres qui sont très-courts. Pieds presque nus, sans cils raides. (Des parties méridionales et tempérées de l'Ancien Monde.)

C'est ici qu'il faut rapporter les Musaraignes proprement dites, ou terrestres de plusieurs auteurs. Aucune ne s'approche habituellement des eaux. On les voit au contraire dans les lieux secs et autour des maisons, où elles pénètrent souvent en poursuivant les Grillons et les Vers. Leur pelage est analogue à celui des Souris.

Elles se divisent en deux groupes, d'après le nombre des petites dents.

I. SOUS-GENRE PACHYURA. Nobis.

Trente dents dont quatre intermédiaires supérieures. Ce groupe, dont les espèces ont une petite dent de plus que les *Crocidura* de Wagler, ne comprend que des espèces de l'Afrique et de l'Inde, et une autre du midi de l'Europe.

M. de Blainville, n'ayant égard qu'au nombre des petites dents intermédiaires de la mâchoire supérieure, réunit les espèces de ce groupe avec les *Musaraignes* d'eau ou *Crossopus;* mais un tel groupe me semble tout-à-fait artificiel et forcé, car les *Crossopus* ont les oreilles et le pelage et presque les dents des *Sorex,* tandis que nos *Pachyura* ont toutes les formes et les habitudes des *Crocidura,* sauf une petite dent rudimentaire de plus, tellement, que si ce n'était pour tenir compte de la classification de M. de Blainville, nous n'en aurions formé qu'une simple section dans les *Crocidura.* C'est dans ce groupe que se trouve la plus grande espèce de *Musaraigne* connue, le *S. myosurus* ou grande *Musaraigne musquée* de l'Inde. L'espèce du midi de l'Europe, est au contraire le plus petit des Mammifères connus.

N° 1. CROCIDURA ETRUSCA. Bonap.

CROCIDURE ÉTRUSQUE.

Diagnose. — Taille à peine *la moitié de celle de* S. araneus. D'un gris cendré en dessus, blanchâtre en dessous. Queue cendrée, plus courte que le corps, de *longs poils isolés à l'origine de chaque vertèbre.* Dents entièrement blanches.

Dimensions. — (Voyez le tableau.)

Synonymie. — Sorex etruscus. P. Savi. 1822.
Crocidura etrusca. Ch. Bonap.
Mustiolo e mustietto, aux environs de Pise.

Dessus du corps et de la tête d'un cendré qui a une teinte plus ou moins roussâtre, les poils étant teints de roussâtre à leur extrémité. Toutes les parties inférieures de la gorge jusqu'à l'abdomen, d'un cendré clair avec une teinte un peu plus foncée sur les côtés, dont la nuance se mêle à celle du dessus du corps. Poils des moustaches nombreux et très-fins. Oreilles très-larges, dépassant notablement le pelage, conformées comme celles de l'*Araneus*, couvertes de très-petits poils blanchâtres. Un peu de couleur de chair se voit aux oreilles et au pieds. Ceux-ci sont recouverts de petits poils blancs. Les ongles sont de cette dernière couleur. Queue un peu rétrécie à son origine, légèrement tétragone, d'une grosseur presqu'uniforme jusqu'à son extrémité, où elle est subitement terminée en pointe. Son plus grand diamètre est d'une ligne. En dessus elle est d'un gris-brun, en dessous un peu blanchâtre. Des poils très-courts la recouvrent et forment à l'extrémité un très-petit pinceau. Une autre sorte de poils blanchâtres très-fins, longs jusqu'à deux lignes, sont disposés en forme de verticilles à toutes les places qui correspondent à chacune des vertèbres caudales. Les yeux sont très-petits.

Habite la Toscane et probablement toute l'Italie méridionale.

La découverte de cette espèce, le plus petit de tous les Mammifères connus, puisqu'il surpasse en petitesse le *Sorex pygmeus*, est due au professeur Paolo Savi de Pise, qui en a fait le sujet d'un mémoire dans le *Giornal Pisano*, en 1822, dont nous extrayons la plupart des détails donnés ici, et confirmés sur les individus de ma collection.

M. Savi dit que le poids de cet animal est d'environ 36 grains. Il répand une forte odeur de musc dont la cause réside dans les excrémens. Il se tient ordinairement sous les racines et dans les troncs des vieux arbres. Sa nourriture consiste en insectes. Il ne peut vivre à une température moindre de 10 à 12 degrés (Réaumur), ce qui explique comment cette espèce est restreinte dans son habitat aux parties méridionales de l'Italie.

II. SOUS-GENRE CROCIDURA. Wagl. (*SUNKUS*. Ehrenb).

—

Vingt-huit dents dont trois petites intermédiaires supérieures. (Ce groupe comprend des espèces de l'Europe tempérée, d'Asie et d'Afrique.)

N° 2. CROCIDURA ARANEA. Nob.

CROCIDURE ARANIVORE.

Diagnose. — Longueur du corps plus de 2 pouces. Queue au moins 1 pouce 3 lignes. D'un *gris* très-légèrement roussâtre en dessus, *cendrée en dessous; les deux couleurs se fondent l'une dans l'autre*. Queue cendrée, plus courte que le corps, parsemée de longs poils épars. Dents toutes blanches.

Dimensions. — (Voyez le tableau.)

Synonymie. — Sorex araneus. Schreb. Becht. Duv. Nath. Blainv.
— russulus. Zimmerman.
Crocidura major (*adultus*.)
— rufa (*fœm. adul. var*.)
— poliogastra.
— fimbriata (*juvenis*.)
— moschata (*juvenis*.)
} Wagler.
Sorex pachyurus. Kuster.
— inodorus. Savi.

Sorex	gmelini?	Pallas (*Zoogr. rosse.*)		Fisch.
—	guldenstædii?	Id.	id.	Fisch.
—	suaveolens?	Id.	id.	Fisch.

La musette. Daubenton.
La musaraigne. Buffon.

Pelage d'un gris de souris en dessus, passant insensiblement au cendré blanchâtre en dessous. Queue de la même couleur, à poils très-courts, mais parsemée de longs poils rares éparpillés, pieds cendré clair ainsi que les oreilles. Celles-ci, bien développées, dégagées du pelage, couvertes de poils très courts, cendrés sur le lobe supérieur, blanchâtres sur l'inférieur. Les dents toutes blanches. Les doigts et le bout du museau couleur de chair.

Var. α. Albine.

Var. β. Tachetée irrégulièrement de blanc.

A part ces variétés qui sont très-rares et dues à l'albinisme, il en est d'autres qui tiennent à de légères modifications dans la taille de l'animal, dans le plus ou moins de roussâtre qui se trouve mêlé au gris du dessus, où à la nuance blanchâtre du dessous. Telles sont les suivantes :

Var. γ. Crocidura major. Wagl.

Taille un peu plus forte que chez les individus ordinaires.

Var. δ. Sorex pachyurus. Kuster.

Fondée sur un individu à queue plus courte, rapporté de Sardaigne par Kuster.

Var. ε. Minor.

Ces individus, nés peut-être à une époque qui a arrêté leur développement, sont restés d'un tiers plus petits et ont été pris pour le *S. etruscus*, ce qui a fait croire que cette espèce se trouvait en Silésie.

Var. β. CROCIDURA RUFA. Wagler.

Tout le dessus du corps à poils terminés de roux, ce qui produit une nuance assez vive de cette couleur ; le dessous gris.

Var. γ. ALBIVENTRIS.

Ventre blanc, mais passant insensiblement sur les côtés à la couleur du dessus. Cette variété ressemble au premier abord au *S. leucodon;* mais les deux couleurs ne tranchent pas.

Les jeunes, comme ceux des autres espèces, ont le museau plus épais et leur queue est un peu étranglée à la base.

Habite les jardins et le tour des habitations; se trouve dans toute l'Europe tempérée et méridionale, mais n'existe pas en Angleterre ni en Suède. Son caractère est beaucoup plus doux que celui du *S. tetragonurus;* elle est peu farouche et ses mouvemens sont lents. Elle est moins commune que la *C. leucodon* dans les environs de Baden, de Strasbourg, etc.

Comme on avait écrit que l'un des caractères de cette espèce était de sentir le musc, M. Savi avait cru que ceux d'Italie qui sont inodores, devaient constituer une nouvelle espèce.

Le *Sorex suaveolens* de Pallas, qu'il dit très-commun dans les jardins et les bois de la Crimée, se rapporterait ici par ce qu'il dit des poils de la queue et de la couleur du corps, mais l'épithète *cauda tenuissima* laisse subsister le doute. Il est aussi très-difficile de savoir au juste ce que sont les *S. guldenstædii* et *gmelinii* de cet auteur, ses descriptions n'étant pas caractéristiques.

N° 5. CROCIDURA LEUCODON. WAGLER.

CROCIDURE LEUCODE.

Diagnose. — *Taille de la* C. ARANEA. Pelage d'un *cendré noirâtre*, plus ou moins foncé. Tout le dessous du corps et les flancs *blancs*, *tranchant fortement avec la couleur du dessus*. Queue un peu plus courte que dans l'*Araneus ;* parsemée de longs poils épars. Dents toutes blanches.

Dimensions. — (Voyez le tableau.)

Synonymie. — SOREX LEUCODON. Hermann. Schreb. Duvern. Nath. Wagl. (*nec* Geoffr. Fisch.)

Pelage noirâtre ou cendré noirâtre en dessus ; blanc en dessous et sur les flancs ; les deux couleurs fortement tranchées à leur réunion. Queue un peu plus courte que dans la *C. aranea*, bicolore ; noirâtre en dessus, blanche en dessous, parsemée de longs poils épars blancs. Pieds blancs, bordés de gris en dehors. Museau plus allongé et plus noir que dans l'*Araneus ;* le reste des proportions semblables.

Nota. Chez les anciens individus des collections, le noirâtre du dessus passe fréquemment au roux, ce qui rendrait l'animal presque méconnaissable, si l'on n'était prévenu de cette circonstance.

Les très-jeunes individus ont déjà le pelage des vieux, mais leur museau est épais et la queue étranglée.

Dans plusieurs collections la *Cr. leucodon* est confondue avec la Musaraigne d'eau (*S. fodiens*), à cause de l'analogie des couleurs du pelage qui sont disposées de même, mais c'est aussi la seule.

Habite le nord-est de la France, l'ouest de l'Allemagne, observée à Metz, Strasbourg, Tubingen, beaucoup plus fréquente dans ces localités que le *S. araneus;* se trouve aussi à Lyon. Je ne l'ai jamais rencontrée aux environs de Liége.

Je ne puis partager l'opinion de M. de Blainville, qui réunit cette espèce à l'*araneus.* MM. Duvernoy et Hollandre, qui l'ont très-bien étudiée, sont aussi d'avis qu'elle est très-distincte. Ce dernier m'écrivait : « Quiconque aura comparé à l'état frais un *S. araneus* et un *S. leucodon,* sera frappé de la différence totale dans le facies de ces deux espèces. »

N. B. Le *Sorex leucodon* de M. Geoffroy se rapporte probablement à un jeune individu du *Fodiens,* car il dit que les dents sont colorées à leur pointe.

APPENDICE

AU GENRE MUSARAIGNE.

Extrait des notices du révérend Léonard Jenyns, sur les SOREX TETRAGONURUS, RUSTICUS, CASTANEUS *et* LABIOSUS.

M. Jenyns, qui a étudié avec soin les Musaraignes de l'Angleterre, a établi trois espèces nouvelles excessivement voisines du *Tetragonurus,* si ce n'en sont pas des variétés. N'ayant pas vu les individus en nature, je me bornerai à traduire les parties les plus caractéristiques des mémoires qu'il a insérés dans les *Annals of natural history*, en 1838 et 1839. Je hasarderai cependant une opinion sur les nouvelles espèces dans une note à la fin des descriptions.

Le *S. tetragonurus*, dit M. Jenyns (il appelle ainsi la plus grande des deux espèces d'Angleterre), diffère du *S. rusticus* (ou *Common shrew* des auteurs anglais), non-seulement par sa taille plus grande, mais encore par les caractères du museau, des pieds et de la queue, et par moins d'intensité dans ceux des dents et de la couleur. M. Jenyns fait remarquer que les variétés signalées dans ces espèces, sont plutôt dues à l'âge et ont encore certaines limites, et que si tous les âges et beaucoup d'individus offrent les mêmes caractères, on peut à peu près considérer ces caractères comme particuliers à l'espèce.

Je crois rendre plus claire l'étude des différences signalées par M. Jenyns, en les présentant sous la forme d'un tableau comparatif parallèle :

N° 1. SOREX TETRAGONURUS. Herm. MUSARAIGNE CARRELET.	N° 2. SOREX RUSTICUS. Jenyns. MUSARAIGNE RUSTIQUE.
Diagnose. — Museau et pieds plus larges. Queue plus mince, plus carrée à tous les âges, revêtue de poils fortement appliqués contre elle dans le jeune âge, entièrement nue chez les vieux, atténuée à son extrémité.	**Diagnose.** — Museau et pieds plus minces. Queue épaisse, entièrement cylindrique, bien revêtue de poils qui sont très-divergens dans le jeune âge et ne sont jamais entièrement appliqués ; point atténuée à son extrémité.
Dimensions. — (Voyez le tableau). Plus grandes.	**Dimensions.** — (Voyez le tableau). Plus petites : les individus les plus grands atteingnent à peine la taille ordinaire du *S. tetragonurus*.

S. TETRAGONURUS. (Suite.)	S. RUSTICUS. (Suite.)
Synon.—*S. tetragonurus.* Herm. Duv. *S. vulgaris.* Nathusius. *S. constrictus.* Geoff. Millet.	Synon. — *S. tetragonurus.* Geoff? *S. coronatus?* Millet (*var.*) *S. araneus.* Jenyns.
Distance qui sépare les deux yeux contenue à peine une fois et demie entre les yeux et le nez.	Distance qui sépare les deux yeux, contenue deux fois entre les yeux et le nez.
Pieds, surtout ceux de devant, larges et forts, en quelque sorte propres à fouir.	Pieds faibles et minces en comparaison de ceux du *S. tetragonurus.*
Queue plus courte, plus décidément quadrangulaire à tous les âges, plus mince et légèrement atténuée à son sommet. Les poils moins longs et moins nombreux ne s'écartant pas, mais fortement appliqués contre le tronçon et formant à l'extrémité un pinceau court, mais pointu. Chez les vieux le poil devient très-rare; la queue est presque toujours entièrement nue sans pinceau, et les angles très-prononcés.	Queue plus longue, quoique l'animal soit plus petit, plus épaisse, entièrement cylindrique et d'une grosseur plus uniforme, terminée d'une manière abrupte; plus garnie de poils à tous les âges, le poil s'écartant notablement, surtout chez les jeunes, et quoiqu'il dépasse l'extrémité d'une ligne et plus, il forme rarement un pinceau.
1re et 2me incisives latérales de la mâchoire supérieure entièrement égales, de même pour les 3me et 4me; mais les deux premières évidemment plus larges que ces deux dernières. La 5me beaucoup plus petite et presqu'invisible, placée généralement hors de la ligne des autres, de manière à ne paraître que difficilement vue d'en dehors.	Les 1re, 2e, 3e et 4e incisives latérales (petites dents intermédiaires) diminuant plus graduellement et formant une série plus régulière; la 5e aussi plus large, en rapport avec les autres, plus en ligne et plus visible extérieurement.
Couleur du pelage moins variable et plus foncée. Le dos d'un brun un peu rougâtre très-foncé. Le dos, une ligne sur les flancs et l'abdomen forment comme trois couleurs sur la plupart des individus. Parties inférieures d'un gris jaunâtre foncé. Les parties supérieures et inférieures de la queue sont comme celles du	Une nuance roussâtre en dessus, jaunâtre en dessous, envahit plus ou moins tout le corps et les pieds, ainsi que le dessus du museau; mais son extrémité et souvent la queue sont testacées.

S. TETRAGONURUS. (Suite.)

corps et assez notablement séparées. Quelquefois cependant elle est toute d'un brun roussâtre uniforme. L'extrémité du museau est noirâtre.

Crâne plus large et beaucoup plus aplati; profil ou chanfrein plus arqué.

Crâne moins large, moins aplati; chanfrein peu arqué.

Préfère les cantons humides; se trouve en Angleterre, en France, en Allemagne, etc.

Observations.—Dans un mémoire postérieur sur quelques Musaraignes rapportées de Francfort par M. Ogilby, M. Jenyns indique deux *Tetragonurus* qui ne diffèrent pas de ses individus types; mais un 3e était moins gros pour sa longueur; sa tête moins grosse; le museau plus atténué. La dentition est semblable; si ce n'est que la 5e petite dent latérale est un peu plus visible d'en dehors, et que les quatre premières ne diminuent pas rapidement. Pieds semblables, mais la queue revêtue de poils formant un long pinceau. Dessous du corps d'un gris plus foncé, se mêlant mieux avec la couleur du dos. Je trouve que ce spécimen se rapproche par sa tête du *S. rusticus*, et par sa queue du *S. castaneus*, que, dans ses premiers travaux, M. Jenyns ne regardait que comme une variété du *Tetragonurus*, et qui tient aussi du *Rusticus* par la couleur du corps et la forme arrondie de sa queue, qui est aussi bien garnie de poils.

Habite les lieux secs, les jardins, recherche le bord des haies. En Angleterre, aussi en France, si c'est le *Tetragonurus* de Geoffroy, et en Belgique, si c'est l'espèce que j'ai signalée dans l'*observation* après l'article du *S. tetragonurus*. Comme M. Millet dit que son *S. coronatus* a le museau plus long et plus effilé que son *Constrictus*, qui est notre *Tetragonurus*, je crois qu'on doit le rapporter au *Rusticus* de M. Jenyns. Il a été trouvé dans un lieu sec et sablonneux de l'Anjou.

M. Jenyns décrit comme variété locale de son *S. rusticus* une Musaraigne trouvée une seule fois en Irlande, et qui, par sa queue plus courte et nue, perd des caractères du *Rusticus* pour se rapprocher du *Tetragonurus*.

N° 3. SOREX CASTANEUS. Jenyns.

MUSARAIGNE MARRON.

—

Diagnose. — Museau et pieds comme dans le *Tetragonurus*, mais le museau un peu plus atténué. Queue modérément épaisse, entièrement arrondie, bien revêtue de poils qui forment un long pinceau à son extrémité. Parties supérieures aussi bien que le museau, les pieds et la queue d'un beau marron vif. Parties inférieures gris foncé.

Dimensions. — (Voyez le tableau.)

Crâne un peu plus large en arrière et plus élevé au milieu que dans le *Tetragonurus*. — Chez un individu d'âge moyen il est un peu plus long que sur un très-vieux *Tetragonurus*. Établi sur trois individus trouvés en Angleterre dans les cantons marécageux.

N° 2*bis*. SOREX HIBERNICUS. Jenyns.

MUSARAIGNE D'IRLANDE.

—

Diffère du *Rusticus* par une taille encore plus petite, quoique ce soit un vieil individu; par une couleur plus uniforme en dessus et en dessous, par sa queue moins large, moins longue et plus cylindrique à son extrémité. Les petites dents sembleraient plus rapprochées; les poils de la queue courts et très-usés; la dernière moitié de la queue entièrement nue et conséquemment sans pinceau.

Ensuite M. Jenyns établit une nouvelle espèce sous le nom de

N° 4. SOREX LABIOSUS. JENYNS.

MUSARAIGNE A MUSEAU RENFLÉ.

Elle est basée sur deux jeunes individus, mâle et femelle, rapportés de Francfort par M. Ogilby, et qu'il suppose devoir dépasser le *Tetragonurus* à l'état adulte, espèce dont il se rapproche excessivement. Elle en diffère principalement par son museau plus gros en avant des yeux, renflé sur les lèvres et plus obtus à son extrémité. La tête paraît un peu plus longue. La distance entre les yeux et les oreilles sur le crâne, est cependant la même. Les pieds sont décidément plus larges et plus forts; les ongles longs et bien constitués pour fouir. La queue un peu mieux revêtue de poils qui ne sont pas aussi strictement appliqués. Les couleurs sont presque semblables, mais les parties inférieures sont plus foncées.

M. Jenyns soupçonne que ce pourrait être le *S. cunicularius* de Bechtein. J'ai vu, à Francfort-sur-Mein, un *Sorex* recueilli par M. le Dr Cretschmar, qui se rapportait bien au *S. labiosus* de M. Jenyns. La largueur des pieds et du museau était tellement grande, que je l'eusse pris pour un jeune *S. fodiens* ou plutôt *ciliatus*, si ses incisives inférieures n'eussent été bien dentelées, ainsi que je le fis remarquer à M. Cretschmar. Il est difficile de croire que l'alcool où ces individus étaient conservés, ait pu distendre le museau et les pieds de cette manière, mais n'ayant pas vu d'individus frais ni d'individus secs de cette espèce, je n'ai osé l'introduire parmi celles qui sont reconnues authentiques.

Quant au *S. rusticus* (Jenyns), ses caractères semblent aussi très-tranchés, et se rapportent bien à ceux du petit individu que j'ai signalé dans l'*observation* à la suite du *S. tetragonurus*. L'existence séparée de ce *S. rusticus* pourrait cependant être rendue problématique à cause des individus nommés *S. castaneus* et *hibernicus*, et qui, sous plusieurs rapports, établissent des passages entre le *Rusticus* et le *Tetragonurus*. Ici encore il faut provoquer de nouvelles observations. Pour ma part, je chercherai à m'assurer si les caractères assignés au *Tetragonurus* par le savant anglais, sont très-constans, et je rendrai compte de mes observations.

Dimensions des Sorex *de l'appendice, d'après le* R^d^ Léon^d^ Jenyns.

ESPÈCES.	LONGUEUR totale.	CORPS.	QUEUE.	TÊTE.	Du museau au coin postérieur de l'œil.	OREILLES.	PIED antérieur.	PIED postérieur.	Observations.
	p. l.	p. l.	p. l.	p. l.	p. l.	p. l.	p. l.	p. l.	
S. labiosus. Jenyns. . .	4 $2\frac{1}{4}$	2 $6\frac{1}{2}$	1 8	» $11\frac{1}{2}$	» $5\frac{1}{4}$	» $1\frac{3}{4}$	» $4\frac{1}{2}$	» $6\frac{1}{2}$	Jeune mâle. .
	3 $10\frac{1}{2}$	2 $4\frac{1}{2}$	1 6	» $11\frac{1}{2}$	» $4\frac{1}{2}$	» $1\frac{1}{2}$	» 4	» $5\frac{3}{4}$	Jeune femelle.
S. tetragonurus. Herm.	3 3	2 9	1 6	»	»	»	»	»	Ordinaire . .
	4 $5\frac{1}{2}$	3 »	1 $5\frac{1}{2}$	»	»	»	»	»	Plus grand. .
S. castaneus. Jenyns. .	3 9	2 $1\frac{1}{2}$	1 $7\frac{1}{2}$	»	»	»	»	»	Jeune femelle.
S. rusticus. Jenyns. . .	4 »	2 6	1 6	»	»	»	»	»	Ordinaire . .
S. rusticus. . . . . . . (Var.? hibernicus. Jenyns)	3 $4\frac{1}{2}$	2 1	1 $3\frac{1}{2}$	» $9\frac{3}{4}$	» $4\frac{1}{2}$	» $1\frac{1}{2}$	» $5\frac{1}{4}$	» $5\frac{1}{2}$	Très-adulte. .

Dimensions, d'après M. Jenyns, en mesures anglaises. Le pied anglais est d'environ un quatorzième plus petit que le pied français.

*Dimensions des espèces europ*ENRE SOREX (Cuv.) *Musaraigne.*

ESPÈCES.	Longueur TOTALE.	Longueur du CORPS.	Longueur de la QUEUE.	TÊTE.	[illegible]	AVANT-BRAS.	PIED antérieur	JAMBE postérieure	Longueur du PIED POSTÉRIEUR.	Observations.
GENRE SOREX.	p. l.	p. l.	p. l.	p. l.		p. l.	p. l.	p. l.	p. l.	
S. TETRAGONURUS. Herm.	3 8	2 3	1 5	» $10\frac{1}{2}$		» $4\frac{1}{2}$	» $3\frac{1}{2}$	» 7	» $5\frac{1}{2}$	Individu ordinaire.
Musaraigne carrelet.	4 2	2 7	1 7	» $10\frac{1}{2}$		» »	» »	» »	» »	Individu plus vieux. (Distance entre les yeux : pas tout-à-fait $2\frac{1}{2}$ lignes).
	3 0									
	3 6									
S. RUSTICUS? Jenyns	3 4	1 11	1 5	» 8		» 3	» $2\frac{3}{4}$	» 6	» 5	Individu sec de Belgique, décrit à l'*observation*, page 21.
Musaraigne rustique.										
S. PYGMÆUS. Pall.	3 $3\frac{1}{2}$	1 10	1 $5\frac{1}{2}$	» $8\frac{1}{2}$		» »	» $2\frac{1}{3}$	» »	» $4\frac{3}{4}$	(Y compris le pinceau de la queue qui a $2\frac{1}{2}$ lignes).
Musaraigne pygmée.										
S. ALPINUS. Schinz	5 2	2 0	2 8	» $10\frac{1}{2}$		» »	» »	» »	» 6	Longuers très-approximatives, d'après des individus montés.
Musaraigne des Alpes.										
S. FODIENS. Pall.	5 5	3 2	2 3	1 1		» $5\frac{1}{2}$	» 5	» $9\frac{1}{2}$	» $8\frac{3}{4}$	Individus de la Belgique.
Musaraigne d'eau.										
Var. *Major* (macrouras)	7 1	3 6	3 7	1 1		» »	» $4\frac{1}{2}$	» »	» $7\frac{3}{4}$	(Dimensions d'après Lehman, distance entre les yeux : 5 lignes).
» *Juvenis* (constrictus, Herm.).	3 »	2 »	1 »	» $9\frac{1}{2}$	$\frac{1}{2}$	» $3\frac{1}{2}$	» 3	» 7	» $5\frac{1}{2}$	Individu jeune presque sans poils.
S. CILIATUS. Sowerby	5 3	3 »	2 3	1 »		» $5\frac{1}{2}$	» 5	» 9	» $8\frac{1}{4}$	Individus de la Belgique.
Musaraigne-porterame.										
GENRE CROCIDURA.										
C. ETRUSCA. Bonap.	2 6	1 7	» 11	» $6\frac{1}{2}$		» 2	» 2	» 4	» $4\frac{1}{3}$	Individus donnés par M. Savi.
	2 9	1 10	» 11	» »		» »	» »	» »	» »	
C. ARANEA	4 »	2 8	1 4	1 »	$\frac{1}{2}$	» $4\frac{1}{4}$	» 4	» 7	» $5\frac{3}{4}$	Individus très-adultes de la Belgique.
	4 2	2 11	1 3	» »		» »	» »	» »	» »	
C. LEUCODON. Herm	3 8	2 $6\frac{1}{2}$	1 $1\frac{1}{2}$	1 $1\frac{1}{2}$		» $3\frac{3}{4}$	» $3\frac{1}{2}$	» $6\frac{4}{5}$	» 6	Individus moyens de Metz, donnés par M. Holandre.

Observations sur le tableau des Musaraignes.

Pour se servir utilement de ce tableau dans la détermination des espèces, il faut particulièrement observer : 1° la longueur totale; 2° celle des oreilles; 3° celle entre l'extrémité du museau et le coin postérieur de l'œil; 4° celle du pied postérieur. La proportion relative de la queue avec le corps n'est pas ici aussi fixe que chez les Rats et les Campagnols.

Il est inutile d'ajouter qu'on ne doit faire que peu d'attention aux exemplaires empaillés, qui perdent plus ou moins leurs proportions relatives, et dont le museau se racornit.

Il est bon aussi de faire observer que l'oreille, dans le genre *Sorex* proprement dit, étant formée de plusieurs lobes mobiles, on pourrait presque lui attribuer chez la même espèce une demi-ligne, une ligne ou même deux lignes de longueur, selon la manière de l'examiner.

§ II.

REVUE DES RATS D'EUROPE.

GENRE RAT. (*MUS.* Lin.)

CARACTÈRES PRINCIPAUX.

Formule dentaire.— Incis. $\frac{2}{2}$ = canines 0 = molaires $\frac{3-3}{3-3}$. Total 16.

Incisives supérieures assez courtes, en coin; les inférieures longues, comprimées, arquées et très-aiguës à leur extrémité. Molaires simples, à couronne garnie de tubercules mousses; l'antérieure de part et d'autre la plus haute; toutes à peu près aussi longues que larges.

Museau assez prolongé. Oreilles oblongues ou arrondies, souvent nues. Point d'abajoues. Yeux saillans. Pieds antérieurs à quatre doigts onguiculés, et une verrue à ongle peu visible et surmonté, remplaçant le pouce; les postérieurs proportionnellement un peu plus longs, à cinq doigts, onguiculés. Queue presque toujours de la longueur du corps ou plus longue (rarement plus courte que le corps), arrondie, composée d'un grand nombre de petits anneaux écailleux, entre lesquels paraissent un nombre plus ou moins grands de petits poils raides, ce qui la fait paraître selon leur nombre et leur longueur nue ou poilue.

Ces caractères, légèrement modifiés de ceux donnés par Desmarest, s'appliquent bien au genre *Mus*, tel qu'il a été restreint par Cuvier. Ces animaux destructeurs sont naturellement granivores ; mais beaucoup d'espèces s'accommodent d'une nourriture omnivore, et sont même très-carnassières, au point de se dévorer entre elles. Ceci s'applique surtout au premier groupe, composé de Rats à oreilles externes, oblongues, et dont plusieurs espèces, qui vivent en parasites dans les demeures de l'homme, sont devenues cosmopolites [1]. Parmi les exotiques, il en est qui forment un autre groupe caractérisé par des *poils piquans* entremêlés dans le pelage, à la manière des *Echimys*. On observe même que, dans presque toutes les autres espèces, le pelage du dos offre deux espèces de poils, dont les plus longs sont d'une nature raide, ce qui a rendu impossible une division plus tranchée que le sectionnement en groupes, qui rentrent insensiblement les uns dans les autres.

Ainsi nous pourrons avoir :

1° Les Rats *échimoïdes*, à pelage entremêlé de petits piquans (exotiques), des contrées intertropicales de l'Asie et de l'Afrique.

2° Les Rats *omnivores*, à oreilles oblongues, hautes, presque nues (plus ou moins cosmopolites).

[1] Nous citerons les *Mus decumanus*, *rattus* et *musculus*, devenus presque cosmopolites. Le *Mus alexandrinus*, naturalisé en Italie.

3° Les Rats *granivores,* à oreilles arrondies, orbiculaires, velues (ils ne sont pas susceptibles d'être introduits par l'homme loin de leur habitat ordinaire.

Cette division n'est pas du tout susceptible, je le répète, d'une application rigoureuse ; mais je crois être dans le vrai en avançant qu'elle est assez naturelle, en voyant les choses largement, sans descendre dans les détails.

Les espèces européennes du genre *Rat* sont beaucoup moins embrouillées que celles des genres *Campagnol* et *Musaraigne,* si l'on n'en excepte la synonymie du *M. minutus,* que je crois avoir éclaircie suffisamment. Quant aux autres, c'est principalement sur leur habitat et sur les caractères à donner comme diagnoses, qu'il y avait quelques observations nouvelles à comparer et à coordonner.

Voici la liste des espèces que nous admettons comme européennes :

1er GROUPE. — Rats omnivores, à oreilles oblongues, nues.

1°	MUS DECUMANUS. Pall.	*Rat surmulot.*
2°	— ALEXANDRINUS. Geoff.	*Rat d'Alexandrie.*
3°	— RATTUS. L.	*Rat vulgaire ou noir.*
4°	— MUSCULUS. L.	*Rat-Souris.*
5°	— ISLANDICUS. Thienem.	*Rat d'Islande.*
6°	— SYLVATICUS. L.	*Rat mulot.*

Nota. C'est après cette espèce qu'il faudrait placer le *Mus subtilis* (Pallas); mais c crois qu'il ne se trouve que sur la rive asiatique du Jaïk.

2me GROUPE. — Rats granivores, a oreilles arrondies, poilues.

7°	MUS AGRARIUS. Pall.	*Rat agraire.*

Nota. Cette espèce est sur la limite des deux groupes. Elle a les formes générales u *M. sylvaticus,* avec les oreilles du deuxième groupe.

8° MUS MINUTUS. Pall. *Rat nain.*

Voyez l'Appendice pour les *Mus hibernicus* (Thompson), *dichrurus* (Raff.) *frugivorus* (Raffinesque).

N° 1. MUS DECUMANUS. PALLAS.

RAT SURMULOT.

Diagnose. — Taille *plus forte que celle du* M. RATTUS. Queue *plus courte q le corps*. Pelage d'un brun *roussâtre* en dessus, cendré en dessous.

Dimensions. — (Voyez le tableau.)

Synonymie. — MUS DECUMANUS. Pall. Gm. Desm. Less. Fisch., etc.
— NORVEGICUS. Erxleb. Briss.
— SYLVESTRIS. Brisson.
LE SURMULOT ET LE POUC. Buffon.

Le Surmulot est la plus grande espèce de Rat d'Eu rope. Il est indigène de l'Inde et de la Perse, et s'est in troduit en Angleterre et en France vers 1730, import par le commerce maritime. De là, il a fait invasion dan tous les ports de mer, et s'est propagé au point qu'il ha bite maintenant, non-seulement toute l'Europe, mai encore l'Amérique et les autres contrées où les Européen ont des colonies. Un fait singulier, c'est qu'il paraît qu'a moment où on le transportait en Angleterre par mer, i faisait irruption par terre dans la Russie méridionale, pa Astrakan, où on le vit, dit-on, en 1727.

Le Surmulot est l'animal le plus nuisible de son genre Sa force lui donne les moyens de percer des murs très épais, et d'attaquer les Oiseaux de basse-cour, les Pi geons, etc. Ce Rat fréquente de préférence le bord de eaux, les égouts des villes et les canaux, d'où lui vient le faux nom de *Rat d'eau*, sous lequel il est connu en Belgique et ailleurs. On le voit souvent traverser les rivières à la nage, mais il plonge mal. C'est ordinairement dans des terriers peu profonds, sur leurs bords, qu'il établit son nid.

Il s'introduit dans les caves et dévore toute espèce de provisions. Il fréquente aussi les granges de fermes et en chasse le Rat noir. Mais lorsqu'il n'est pas pressé par le défaut de nourriture, il ne s'établit pas dans les greniers ni dans les étages supérieurs des maisons. Heureusement il est d'une voracité telle, qu'il se laisse prendre à tous les piéges.

La diagnose le fera reconnaître au premier coup d'œil du Rat noir ou Rat vulgaire.

Ses yeux sont plus gros et sortans. Ses oreilles proportionnellement plus courtes et plus arrondies et un peu velues. Queue plus courte que le corps, couverte de petites écailles formant un peu plus de deux cents anneaux. Museau plus court que dans le *M. rattus*, mais la tête plus allongée. Le chanfrein plus arqué et la mâchoire inférieure presqu'égale à la supérieure. Tout le dessus du corps d'un brun roussâtre ou ferrugineux terne, mêlé de gris; les poils étant ardoisés à la base, et les plus longs étant noirâtres. Dessous du corps cendré clair ou blanchâtre. Pieds presque nus; leur peau couleur de chair. Tout le pelage est généralement rigide et comme hérissé.

Je possède *un individu de l'Inde* qui ne diffère pas de ceux d'Europe, si ce n'est que les longs poils du dos sont encore plus rigides et comme piquans. Ils sont blanchâtres vers leur origine. La nuance du dos est aussi un peu plus ferrugineuse et moins grise.

Les variétés sont beaucoup plus rares que dans le

M. rattus. On indique cependant les suivantes, qui toutes sont dues à l'albinisme.

Var. α. — Blanche.
» β. — Blanchâtre.
» γ. — Couleur de canelle.
» δ. — Uniformément gris de perle.
» ε. — Tachetée de blanc et de brun.

(Les trois dernières sont citées par le prince Musignano).

On distingue toujours ces variétés de celles des espèces suivantes à la longueur de la queue et à la forme de la tête et des oreilles.

N° 2. MUS ALEXANDRINUS. Geoff.-St-H.

RAT D'ALEXANDRIE.

Diagnose. — Taille du *M. rattus*. Queue *plus longue* que le corps de près d'un quart. Pelage d'un brun *roussâtre* ou ferrugineux en dessus, blanchâtre en dessous.

Dimensions. — (Voyez le tableau.)

Synonymie. — Mus alexandrinus. Geoffr. Desm. Licht. Fisch. Less.
— tectorum. Savi. Ch. Bonap.

Cette espèce a été décrite pour la première fois par M. Geoffroi-Saint-Hilaire, dans le grand ouvrage sur l'Égypte, et on la croyait propre à ce pays seulement, lorsqu'en 1824, M. le professeur Paolo Savi de Pise, fit la remarque que l'animal que les Italiens prenaient pour le *M. rattus*, différait de ce dernier par la couleur ferrugineuse de son pelage, qui le faisait ressembler au Surmulot, tandis qu'il différait de ce dernier par sa queue beaucoup plus longue.

Le savant professeur de Pise fut d'abord tenté de le regarder pour le *M. alexandrinus* de M. Geoffroi, et il eût bien fait de s'en tenir à sa première opinion ; mais s'étant procuré la description donnée par cet auteur et Desmarest, il crut remarquer des dissemblances entre les caractères indiqués et ceux qu'il observait sur les individus de Toscane. De là, la création de l'espèce sous le nom de *M. tectorum,* dans le journal *Dei letterati* de Pise, en 1825. Je crois indispensable de passer en revue les caractères sur lesquels M. Savi s'appuyait pour l'établissement de la nouvelle espèce.

1° Les poils les plus longs du dos qui, d'après Desmarest, sont en fuseaux aplatis avec une rainure sur l'une de leurs faces, ce qui rappelle la forme des poils piquans des *Echimys,* tandis que dans le *M. tectorum* ces longs poils sont partout de la même grosseur. A cela je répondrai que dans les *M. alexandrinus,* rapportés de l'Égypte par M. Ruppel, et que j'ai vus à Francfort, il n'y avait rien qui ressemblât aux piquans des *Echimys,* et que ces animaux m'ont paru en tout semblables aux *M. tectorum* que M. Savi m'a fait voir au musée de Pise.

En supposant même qu'à un âge et dans des circonstances données, le *M. alexandrinus* ait des poils tels que ceux dont parle Desmarest, ne pourrait-on pas croire que cet animal, transporté en Europe, a pu perdre peu à peu l'intensité de ce caractère, d'autant plus que les Rats épineux n'ont encore été trouvés que dans les contrées intertropicales ?

2° La tête de l'*Alexandrinus* est plus courte que celle du

Surmulot, tandis que celle du *Tectorum* est plus longue. Ici je dirai que, d'après les nouvelles descriptions et d'après les individus que j'ai vus, ces rapports ne semblent pas fondés.

3° Le ventre cendré dans l'espèce d'Égypte et blanc dans celle de Toscane. Ce caractère n'est pas aussi absolu qu'on l'a dit, et les auteurs cités ajoutent d'ailleurs que le blanchâtre est mêlé de jaunâtre dans les deux espèces. — Enfin pour quatrième caractère, on a dit que la queue de l'*Alexandrinus* était divisée en 130 ou 140 anneaux, tandis que le *Tectorum* en a 240 au moins. Cette dernière observation est nulle, parce que Desmarest avoue que c'est en comptant les anneaux sur la figure donnée par M. Geoffroy, qu'il les a trouvés être au nombre de 130 à 140. Or, on sait que, dans les exemplaires types, rapportés d'Égypte, il y en a au moins 220 : de tout ceci nous conclurons qu'il vaut mieux n'établir de nouvelles espèces qu'en ayant sous les yeux les espèces voisines, surtout lorsqu'on se fonde sur des caractères fugaces qui ont été négligés dans la plupart des ouvrages.

Le prince de Musignano, qui a publié une bonne figure de ce rat, en exprime les caractères ainsi qu'il suit :

« Tête un peu allongée. Le museau plutôt subtile, plat en dessus. » Mâchoire inférieure beaucoup plus courte que la supérieure. Yeux » gros et proéminens. Oreilles très-grandes, larges, presqu'ovales. Les » longs poils du dos sont rigides, d'une grosseur presqu'uniforme dans » presque toute leur longueur; les poils courts sont plutôt moux. » Queue plus longue que le corps, y compris la tête; les écailles dispo- » sées en 220 ou 240 anneaux, toutes très-visibles, avec de petits poils » rares et rigides. La couleur de toutes les parties supérieures du corps » est d'un cendré mêlé de ferrugineux, parce que les petits poils sont gris à » la base et ferrugineux à l'extrémité, tandis que les longs poils sont

» noirâtres. Le dessous du corps est d'un blanc tournant au jaunâtre.
» Les pieds sont presque nus et couleur de chair. »

La Souris était le *Mus* des Latins, et les grandes espèces du genre ne se trouvaient pas alors importées en Italie. Le *M. decumanus* ne s'est établi en Italie que dans le siècle dernier, et il y vit partout. Le *M. alexandrinus* (ou *tectorum*) a été pris pour le *M. rattus* dont il a les habitudes. Comme lui, il se tient dans les parties supérieures des maisons, ce qui lui a fait donner en Toscane le nom de *Rat des toits* (*Topo tettajolo*); comme lui, il a pour ennemi implacable le Surmulot.

Il aura été importé d'Égypte par le commerce maritime, et maintenant il habite la Toscane, les États Romains, et sans doute toute l'Italie méridionale. Enfin Cetti, qui l'avait pris pour une variété locale du *M. rattus* de l'Europe continentale, rapporte une observation curieuse, c'est que cet animal est absolument le seul des genres *Mus* et *Arvicola*, que l'on trouve en Sardaigne.

Dans l'Italie supérieure, en Lombardie, on ne trouve que le *M. rattus*.

Var. α Albine, trouvée en Sardaigne, par Cetti.
— β Fuligineuse.

Cette variété, beaucoup plus singulière, décrite et figurée par le prince de Musignano, est d'un cendré noirâtre ou de suie si foncé, qu'on le prendrait au premier coup d'œil pour un vrai *M. rattus*, si tout le détail des proportions dans la tête, la queue, etc., n'indiquait qu'elle appartient au *M. alexandrinus*. Le ventre même est de la couleur du dos, mais un peu plus clair. L'extrémité des poils du dessus du corps est légèrement plus claire que le reste, ce qui le fait paraître de près comme saupoudré d'une légère rosée.

Quant aux individus ordinaires, on peut les caractériser en deux mots. On croirait voir des *M. rattus*, ayant la couleur des *Decumanus*, mais distincts de ces derniers par une queue plus longue.

N° 3. MUS RATTUS. L.

RAT VULGAIRE OU NOIR.

Diagnose. — Pelage *noirâtre* en dessus, *sans mélange de roussâtre,* passant graduellement au cendré foncé en dessous. *Queue plus longue que le corps.*

Dimensions. — (Voyez le tableau.)

Synonymie. — MUS RATTUS. L. Pall. Gmel. Desm. Fisch., etc.
LE RAT. Buffon.
LE RAT NOIR. Desm.

Je crois inutile d'entrer dans de longs détails sur cette espèce d'animal si connue, et qui n'a donné lieu à aucune confusion dans les nomenclatures scientifiques. Il reste peu de chose à ajouter à la diagnose pour compléter la description.

Tout le dessus est d'un noirâtre luisant, plus ou moins foncé. Les poils sont en général très-longs, mais, comme dans les autres espèces, il y en a de différentes dimensions. Le dessous du corps pâlit insensiblement et passe au cendré. Les pieds sont noirâtres, peu poilus, avec les doigts parsemés de poils blanchâtres. La queue, un peu plus longue que le corps, est presque nue, composée de 250 anneaux écailleux environ. Les oreilles ovales, très-grandes, nues, le museau aigu et la mâchoire inférieure plus courte que la supérieure.

Var. α Variété albine.

L'albinisme se voit souvent chez les Rats. Il sont alors entièrement blancs avec les yeux rouges, la queue, les oreilles et les pieds couleur de chair. Cette maladie, qui tient à un vice du sang, se perpétue souvent. J'ai eu chez moi à Longchamps (province de Liége), l'exemple de Rats blancs qui se sont reproduits dans les greniers d'une ferme pendant quatre ans (de 1834 à 1838), sans être détruits par les Rats noirs qui s'y trouvaient en même temps. Je n'ai jamais vu d'individus intermédiaires.

Les auteurs, entre autres Fischer, énumèrent les autres variété suivantes :

Var. β. Toute noire.
— γ. Brune.
— δ. Roussâtre en dessus, d'un blanc sale en dessous.
— ε. Tachetée de blanc.
— κ. Isabelle, signalée par M. Millet (*Faune de Main-et-Loire*).

Si le *M. hibernicus* de W. Thompson ne formait pas une espèce distincte, il faudrait l'ajouter aux variétés accidentelles du *M. rattus*, voyez pour ce *M. hibernicus* l'Appendice à la fin de ce mémoire. La variété δ se rapporte probablement au *M. alexandrinus*.

On ne sait pas positivement d'où le Rat est originaire ; ce qui est certain, c'est qu'il était inconnu aux anciens, et qu'il n'est parvenu en Europe que depuis le moyen âge. Il se trouve maintenant dans toute l'Europe, si ce n'est dans la Toscane et l'Italie méridionale, où il est remplacé par le *M. alexandrinus*, qui l'en a peut-être expulsé, étant plus fort et ayant les mêmes habitudes. On peut supposer que sa patrie était la Syrie, et qu'il nous est venu au temps des croisades. Le Surmulot, arrivé plus récemment chez nous, ne peut le souffrir et lui fait une guerre cruelle. Il semble avoir déjà chassé le Rat de l'Angleterre et en a rendu l'espèce très-rare dans plusieurs parties du continent. Ils ont cependant des habitudes un peu différentes : le Surmulot se tient dans les canaux, les caves et le bas des maisons, tandis que le Rat noir habite de préférence les greniers, les toits et les endroits secs. Ces deux animaux ont suivi l'homme partout, même dans l'Océanie, où il n'existait auparavant aucune espèce du genre *Mus*.

Observations. — Je me suis procuré chez un marchand naturaliste de Lyon, un animal monté que j'ai regardé avec doute comme un jeune individu du Rat noir ; mais sa coloration est fort singulière. Si j'avais vu de jeunes individus du *M. alexandrinus*, je pourrais dire s'il appartient à cette espèce, peut-être aussi est-il exotique, bien qu'on m'ait assuré qu'il provient du midi de la France. Si c'est un Rat noir *jeune*, c'est tout au moins une variété *à ventre blanc*. Voici son signalement :

Tout le dessus du corps, de la tête et le côté extérieur des jambes d'un gris clair *un peu terreux*, les poils étant ardoisés à la base et d'un brun *jaunâtre* à leur extrémité. Dessous du corps, tour de la bouche, côté intérieur des jambes, d'un blanc pur. Les poils blancs dans toute leur longueur. Oreilles oblongues, grisâtres, garnies vers leurs extrémités de petits poils jaunâtres très-courts. Moustaches très-longues, noires et blanches. Pieds d'un gris noirâtre et blancs à leurs extrémités. Queue plus longue que le corps d'un cinquième environ, d'un cendré noirâtre, composée de 140 anneaux écailleux environ.

Longueur totale 10 pouces 2 lignes ; du corps 4 pouces 8 lignes ; de la queue 5 pouces 6 lignes ; des oreilles 7 lignes ; pied postérieur 1 pouce.

N° 4. MUS MUSCULUS. L.

RAT-SOURIS.

Diagnose. — Taille *moitié moindre que celle du* RATTUS. Pelage d'un *gris brun*, presqu'uniforme en dessus, passant au *cendré en dessous*. Yeux assez petits, proéminens. *Pieds grisâtres*. Longueur des postérieurs 8½ lignes. Queue de la longueur du corps à peu près.

Dimensions. — (Voyez le tableau.)

Synonymie. — MUS MUSCULUS. L. Pall., etc.
SOREX. Brisson.
LA SOURIS. Buffon.

La Souris représente absolument en petit le Rat noir, notamment par la forme des oreilles et la petitesse des yeux; mais le pelage est un peu moins foncé. Tout le dessus du corps est d'un gris brun plus ou moins intense, légèrement mêlé de gris jaunâtre, ce qui est dû à ce que les poils ont un très-petit espace de cette couleur, entre la base qui est ardoisée et la pointe qui est noire. Le dessous du corps est d'un gris plus clair, glacé du jaunâtre sur les flancs et surtout vers l'anus et à l'origine de la queue. Celle-ci, à peu près de la longueur du corps, d'un gris noirâtre, unicolore, composée d'anneaux écailleux et plus ou moins garnie de petits poils très-courts. Les pieds sont constamment cendrés, ce qui distingue cette espèce du Mulot, qui les a blancs et proportionnellement beaucoup plus longs.

Je crois ces détails nécessaires, parce que la Souris offre des variétés plus ou moins roussâtres, que l'on croirait au premier abord appartenir au Mulot (*M. sylvaticus*), si l'on ne faisait attention à la forme et à la couleur des pieds, des oreilles, des yeux, etc. Telle est la suivante, que j'ai recueillie aux environs de Liége.

Var. α. Roussâtre.

Le pelage est fortement nuancé de roux sur la nuque, à la croupe, et plus légèrement sur les flancs et le ventre.

Var. β. Albine.

Toute blanche, yeux rouges. Queue, pieds et oreilles couleur de chair.

Var. γ. Tachetée.

Des taches blanches irrégulières sur le corps.

En parlant de la couleur du ventre, le prince de Musignano dit :

« Elle est sujette à de grandes variations. Elle tend chez quelques in-
» dividu, au *brun*, chez d'autres au *blanc* plus ou moins pur, et enfin au
» jaunâtre ou au *roussâtre*. Cette dernière variété, qui diffère peut-être
» même spécifiquement de celle à ventre brun, est la plus commune en
» Italie et particulièrement à Florence, où elle s'introduit avec les sacs
» de grain. »

Je ne suis pas de cette opinion, que moi-même j'avais d'abord partagée. En recueillant la variété roussâtre dont j'ai parlé ci-dessus, j'avais cru aussi que les Souris que l'on trouve dans les bois et les campagnes, pouvaient être différentes de celles des maisons et se distinguer par un pelage plus roussâtre, mais j'ai pu me convaincre depuis qu'il n'en est rien, et que l'on trouve partout des individus des diverses nuances.

On multiplie facilement les variétés blanches, mais l'odeur fétide que répand cet animal, le rend beaucoup moins agréable à élever que le charmant *M. minutus*. A l'état libre les variétés albines sont fort rares.

La Souris est omnivore, mais préfère le grain. Celles qui habitent les champs se retirent l'hiver dans les meules de blé. Cet hôte incommode de nos maisons, qui est le *Mus* des anciens, a suivi les Européens dans les cinq parties du monde, aussi bien en Sibérie que sous les tropiques.

N° 3. MUS ISLANDICUS. Thienem.

RAT D'ISLANDE.

Diagnose. — Taille du *M. musculus*. Pelage d'un *gris brun foncé* en dessus, *blanchâtre* en dessous. Des poils blancs ou d'un jaune pâle, et bruns mêlés sur les flancs, de manière à former *des sortes de taches claires*. Pieds *blanchâtres*, plus longs que dans le *M. musculus*, et moins longs que dans le *M. sylvaticus*. *Queue bicolore, blanche en dessous.*

Dimensions. — Intermédiaires entre celles des deux espèces citées.

Synonymie. — Mus islandicus. Thienemann. Fisch. Less.

J'ai écrit la diagnose ci-dessus, après avoir vu le *M. islandicus* dans les musées de Bonn et de Francfort, les seuls à peu près de l'Europe occidentale qui le possèdent (1838). Mais je n'ai pas eu le loisir de prendre les dimensions détaillées de l'animal et une description complète. Pour ajouter quelques renseignemens à ceux-ci, je vais traduire la description qu'en donne Fischer (*Synopsis mammalium*), d'après M. Thienemann, qui, le premier, a fait connaître cette espèce bien caractérisée.

« Dessus du corps d'un brun cendré foncé. Les flancs mélangés par beaucoup de poils blancs et bruns. Dessous du corps blanc ou cendré blanchâtre. Les oreilles plus grandes et plus larges que dans le *M. musculus*, et en partie cachées sous les poils. Queue de la longueur du corps, à peu près nue, à écailles verticillées d'un brun cendré en dessus, blanche en dessous.

» Intermédiaire entre la Souris et le Mulot. Tête plus épaisse que dans le *M. musculus*; la pointe du nez obtuse; pelage très-épais, à poils aussi longs que dans le *M. sylvaticus*. Pieds antérieurs peu poilus, couverts vers les doigts de petits poils blancs très-courts et peu nombreux; le pouce de ces mêmes pieds très-court, mais l'ongle distinct. Couleur du dos plus pâle chez les jeunes et les femelles. Habite l'Islande, dans les lieux secs, riches en baies et en graines, se réfugie en hiver dans les maisons. »

Observation. — Cette espèce n'a pas encore été transportée dans d'autres contrées ; mais on voit qu'elle a l'instinct de vivre aux dépens de l'homme, et dans ses demeures, comme les autres espèces de la même section.

Nº 6. MUS SYLVATICUS. L.

RAT MULOT.

Diagnose. — Taille *à peu près la même que celle de la Souris* ou un peu plus forte. Pelage d'un *fauve jaunâtre,* plus ou moins vif en dessus. Tout le dessous du corps *blanc, tranchant sans transition* avec le fauve du dessus. Yeux très-*grands,* proéminens. Pieds *blancs.* Longueur des postérieurs 10 lignes. Queue de la longueur du corps ou un peu plus courte.

Dimensions. — (Voyez le tableau.)

Synonymie. — Mus sylvaticus. Lin. Pall. et Auct.
— agrorum. Briss.
Le mulot. Buffon.
Mus campestris. Holandre (*nec* Fr. Cuv.)

A la diagnose on peut ajouter, pour distinguer le *M. sylvaticus* du *M. musculus* :

Oreilles très-grandes, noirâtres à leur extrémité. Queue velue, noirâtre en dessus, blanche en dessous. Museau acuminé.

Nous avons donné les moyens de distinguer du *M. sylvaticus* les variétés roussâtres du *M. musculus*. Le *M. sylvaticus* offre à son tour des variétés brunes ou cendrées que l'on pourrait prendre pour des *M. musculus,* mais on les reconnaîtra toujours : 1° en ce que ces variétés ont, comme les individus types, le ventre *blanc*, et que cette couleur tranche *subitement* sur les flancs avec le brun ou le cendré du dessus; 2° à la couleur des pieds et surtout à la longueur des postérieurs, enfin à la proportion des oreilles et des yeux.

Sur la poitrine on voit une petite tache longitudinale fauve, plus ou moins marquée. Les moustaches sont très-longues; la tête grosse, le museau pointu. Les pieds sont blancs, velus. La nuance du dessus du corps varie; elle est plus ou moins mêlée de grisâtre. Les poils sont ardoisés à la base, fauves à leur extrémité, et les plus longs sont noirs à la pointe.

Var. α. Brunâtre.

Dans cette variété tout le fauve du dessus du corps est remplacé par du gris brun, analogue à celui du *M. musculus*. Je l'ai vue dans la collection de M. Holandre, à Metz.

Var. β. Cendrée.

Ici la même partie du pelage est d'un cendré pur. Celle-ci est encore plus rare que la précédente.

Var. γ. Albine. Toute blanche. Yeux rouges.

C'est à tort que les compilateurs, abusant d'une phrase de Pallas, ont voulu en faire une variété *locale* se trouvant au Volga plutôt qu'ailleurs. Elle se rencontre partout, mais très-accidentellement.

Var. δ. Isabelle, Albine.

Comme la précédente. Yeux rouges.

Les dimensions de cet animal sont très-variables selon

les localités qu'il habite et l'abondance de la nourriture, à ne parler même que d'individus également adultes. Les proportions de la queue sont aussi fort sujettes à varier : tantôt elle égale la longueur du corps et tantôt elle est plus courte.

Le *M. campestris* de M. Holandre est établi sur des individus un peu plus petits, et à queue égalant à peu près la longueur du corps. Il a réservé le nom de *M. sylvaticus* pour les individus plus gros et dont la queue est un peu plus courte que le corps; mais qui, du reste, m'ont paru ne différer en rien des individus de la petite race, même après l'examen le plus minutieux.

Ce *M. campestris* n'a rien de commun avec celui de Fréd. Cuvier, qui est un *M. minutus*. M. Holandre a été induit en erreur par la fausse citation qu'on a faite du *Mulot des bois* de Daubenton, comme synonyme du *M. campestris*.

Le *Mulot* se trouve dans toute l'Europe et en Sibérie. Il habite les bois et aussi les champs. En hiver il se retire dans les meules de blé et quelquefois aussi dans les maisons et les caves. Il y détruit beaucoup de provisions et en fait de grands magasins, notamment de noisettes, de noix et de châtaignes. Ce petit animal est méchant et carnassier; il exhale une odeur assez forte. Il semble être au Surmulot ce que la Souris est au Rat noir. Par la grosseur des yeux, la grande longueur des jambes postérieures, etc., il semble avoir quelque analogie avec les Mériones et les Gerbilles.

Observation. — Il ne faut pas confondre avec le Mulot une espèce très-voisine, qui le représente dans l'Amérique septentrionale, et que la plupart des méthodistes ont présentée comme une simple variété. Nous voulons parler du *M. noveboracensis* (Rat de New-Yorck). Son pelage est d'un fauve plus vif sur les côtés de la tête et du corps. Tout le dessous du corps et les pieds sont d'un blanc beaucoup plus pur, et il n'y a aucun vestige de tache fauve sur la poitrine. La queue est plus fortement bicolore. La tête est un peu plus grosse. La queue et les jambes plus courtes, tandis que les dimensions du corps sont un peu plus grandes que dans les Mulots communs de la Belgique. Longueur totale, 6 pouces 2 lignes ; — du corps, 3 pouces 6 lignes ; — de la queue, 2 pouces 8 lignes ; — pieds postérieurs, 9 lignes ; — tête, 1 pouce 2 lignes.

N° 7. MUS AGRARIUS. Pall.

RAT AGRAIRE.

Diagnose. — *Taille du* M. SYLVATICUS. Oreilles *beaucoup plus courtes*, arrondies. Queue un peu plus longue que la moitié du corps, velue. Pelage d'un *fauve jaunâtre* en dessus, *avec une ligne noire dorsale*, étroite, de la tête à l'origine de la queue. Dessous du corps *blanc*, tranchant avec le dessus.

Dimensions. — (Voyez le tableau.)

Synonymie. — Mus AGRARIUS. Pall. Erxleb. Gm. Schreb. Desm. Fisch. Less.
— RUBEUS. Schwenckf. Schranck.
RAT SITNIC. Vicq d'Azyr.

Schwenckfeldt a fait connaître le premier cette espèce sous le nom de *M. rubeus*, dans son ouvrage sur les animaux de la Silésie, et ce nom aurait la priorité sur celui de Pallas, mais la nomenclature de ce dernier ayant été unanimement adoptée en cette occasion, il serait dangereux de vouloir la réformer.

Le *M. agrarius* a l'aspect du *M. sylvaticus*, mais se fait remarquer par la brièveté de sa queue et de ses oreilles. Ce dernier caractère m'engage à le placer dans le groupe des *Rats granivores*, auquel appartient le *M. minutus*. Voici la description qu'en donne Pallas et qui est très-exacte :

« Museau plus pointu que celui du *M. musculus*. Moustaches moins nombreuses, noirâtres. Tête plus oblongue. Oreilles ovales un peu plus petites, velues intérieurement. Dessus du corps d'un fauve jaunâtre mêlé de brun sur la tête. Une ligne dorsale étroite, noire depuis la tête jusque près de l'origine de la queue. Dessous du corps et pieds blancs (l'origne de tous les poils ardoisée). Les pieds très-minces. Queue à peine plus longue que la moitié du corps, mince, poilue, noirâtre en dessus, blanchâtre en dessous, composée d'environ 90 anneaux écailleux. »

Desmarest ajoute qu'il y a un petit espace recouvert d'un léger duvet sur la face interne de chaque joue. L'aspect général du pelage est celui du Mulot, à l'exception de la ligne dorsale noire.

Le Rat agraire vit dans les champs cultivés, et cause de grands dégâts par son extrême multiplication. On dit qu'il répand une odeur très-forte. Il habite la Russie européenne et l'asiatique jusqu'au Jenissei, et se trouve communément en Silésie et aux environs de Berlin. Enfin, M. Cretschmar m'en a montré des individus qu'il a recueillis aux environs de Francfort-sur-le-Mein, qui est sans doute la limite occidentale extrême de cette espèce.

N° 8. MUS MINUTUS. Pall.

RAT NAIN.

Diagnose. — Taille égalant la *moitié de celle du* M. MUSCULUS. Oreilles *courtes, arrondies*, velues. Queue de la longueur du corps ou un peu plus courte, écailleuse. Pelage d'un *fauve jaunâtre* en dessus, *blanc en dessous*. Museau assez pointu.

Dimensions. — (Voyez le tableau.)

Synonymie. — Mus MINUTUS. Pall. Erxleb. Schreb. Gm. Desm. Less. Fisch.
— PENDULINUS. Herm.
— SORICINUS. Herm. Schreb. Gm. Desm. Less. Fisch.
— PARVULUS. Herm. Fisch.
— MESSORIUS. Shaw. Desm. Less. Fisch.
— CAMPESTRIS. Fr. Cuv. Desm. Fisch. (*nec* Holandre.)
— AVENARIUS. Wolf. (*teste* Ficher.)

Il est peu de petits Mammifères, si ce ne sont les Musaraignes, qui aient donné lieu à plus de doubles emplois que le Rat nain. Il est temps d'éclaircir enfin sa synonymie, et pour cela il faut reprendre successivement sous le point de vue critique les différentes indications données par les auteurs. On me pardonnera la longueur de cet article, en raison du but que j'espère atteindre, celui de clore la controverse sur cette espèce.

Pallas la découvrit sur les bords du Volga, et lui imposa le nom de *M. minutus*, qui est très-bien choisi, cette espèce étant la plus petite du genre. La description qu'il en donne dans l'appendice de son voyage, est excellente, comme toutes celles de cet auteur, et l'on ne peut concevoir comment elle n'a pas suffi pour faire reconnaître le *M. minutus* par tout le monde. L'espèce fut reproduite sous ce nom par Schrebers, Desmarest et les autres compilateurs qui suivirent.

Hermann fut le premier qui introduisit la confusion ici. Il semble ne pas avoir connu la description de Pallas, car il décrivit de nouveau le *M. minutus* sous le nom de *M. pendulinus*; puis, frappé de la forme acuminée de la mâchoire supérieure de ce petit animal, il en fit une seconde espèce sous le nom de *M. soricinus*; mais j'ai vu à Strasbourg l'individu étiqueté par Hermann lui-même, et je puis affirmer que c'est purement et simplement la même chose que son *M. pendulinus*, excepté que le museau mal préparé s'est trouvé rétréci et un peu prolongé. Quant à la figure donnée par Schrebers, quoique faite d'après l'individu que j'ai vu, la forme du museau est entièrement exagérée. On doit la supprimer tout-à-fait. Dans ses observations zoologiques Hermann caractérise ainsi son *M. pendulinus* : *M. cinereoater, subtus albus*; mais il y a évidemment faute typographique, car les individus d'Hermann sont en tout semblables au *M. minutus*, dont, par extraordinaire, Schrebers donne une figure passable. Je suis bien aise d'avoir pu les avoir sous les yeux, car ce prétendu *M. soricinus*, reproduit par tous les compilateurs, depuis cinquante ans, était un sujet continuel de recherches stériles pour les naturalistes de l'est de la France, et embrouillait les spécies méthodiques. Il faut entièrement le rayer des catalogues. Il en est de même du *M. parvulus*, qui est un jeune individu du *M. minutus* qu'Hermann reproduit sous ce troisième nom.

Nous arrivons à la troisième reproduction principale qu'on s'est permis de faire de l'espèce de Pallas, sous le nom de *M. messorius*. Elle est due à Shaw, et a probablement été causée par l'inexactitude des figures de Schrebers, et par l'idée que l'on avait qu'un animal, trouvé en Angleterre, devait différer spécifiquement d'une espèce découverte en Sibérie.

Depuis Shaw, les compilateurs ont trouvé un caractère distinctif en disant que le *M. Soricinus* a un museau prolongé comme celui d'une Musaraigne, tandis que le *M. messorius* a le museau *obtus*, mais il leur a été impossible d'établir une différence entre ce dernier et le *M. minutus*. On voit qu'ici l'erreur n'est pas excusable.

Il me reste à parler d'un quatrième double emploi, celui fait par Frédéric Cuvier, qui a décrit et figuré le *M. minutus* sous le nom de *M. campestris*. Sans doute que ce savant aura été induit en erreur par le manque d'objets de comparaison, attendu que ce n'est que plus tard que le muséum de Paris s'est procuré des *M. messorius* (Shaw). Frédéric Cuvier a aussi rapporté à tort à son *M. campestris*, le Mulot des bois de Daubenton, que ce dernier auteur avoue avoir toutes les formes du grand Mulot et n'en différer que par une taille un peu plus petite. Nous rappellerons de nouveau ici que le *M. campestris* de M. Hollandre (*Faune de la Moselle*. 1837) n'est pas du tout synonyme de l'espèce décrite et figurée par F. Cuvier, ainsi que M. Holandre l'a cru à cause de la fausse citation de Daubenton, mais se rapporte à des individus un peu plus petits du *M. sylvaticus*.

Je crois qu'il n'y a plus maintenant d'autres synonymes du *M. minutus* à éclaircir; il me reste à en donner une description exacte, et à dire quelques mots de ses habitudes.

Tout le dessus de son pelage est d'un beau fauve jaunâtre, plus vif sur les joues et sur la croupe, et qui s'éclaircit sur les flancs. Le dessous de la tête, la poitrine et le ventre sont d'un beau blanc. Le blanc tranche plus ou moins avec la couleur du dessus du corps, selon les individus. La queue et les pieds sont d'un jaunâtre clair; ces derniers assez hérissés de poils intérieurement. Les moustaches sont noirâtres, terminées de blanc. Le museau, qui est hérissé de poils, est assez pointu et comprimé. Les oreilles, courtes, arrondies, velues, dépassent peu le poil, et les yeux sont peu proéminens. Les poils des parties supérieures sont d'un ardoisé foncé à leur base, comme chez les autres espèces du genre.

Variété Isabelle. — Je possède une variété prise à Longchamps (prov. de Liége), qui est en entier d'un jaune Isabelle très-clair, avec une strie dorsale roussâtre fondue à gauche et à droite. Les yeux rouges et la base des poils entièrement blanche, indiquent suffisamment que ce n'est qu'un albinisme.

Dans l'Europe occidentale le *M. minutus* se rassemble l'hiver sous les meules de blé, ainsi que Pallas l'avait observé en Sibérie. C'est ce qui lui a fait donner en Angleterre le nom de *M. messorius;* en été, il se tient dans les champs et entrelace dans le blé un nid suspendu dans le genre de ceux de quelques Pouillots et Mésanges. Il est recouvert, ovale et très-artistement tressé ; de là le nom de *M. pendulinus*.

Ce joli petit animal devient en quelques jours (souvent trois jours au plus) d'une grande familiarité, lorsqu'il est tenu en captivité. Il est d'un naturel fort doux. Rien de plus amusant que la vivacité et la souplesse de ses mouvemens : tantôt ce sont les attitudes d'un Écureuil, tantôt il se tient debout comme une Gerboise. On le nourrit avec du froment et du pain trempé dans du lait. Il ne répand aucune odeur.

La couleur du pelage est d'un fauve moins vif et mêlé de grisâtre chez les jeunes individus, tandis que chez les vieux elle devient souvent d'un *roux jaune* très-beau et uniforme, à peu près comme le pelage du *Myoxus muscardinus*. D'autres fois les joues et la croupe sont seulement d'un roux vif. On ne saurait trop faire attention à ne pas se laisser aller à créer ici des espèces d'après la longueur de la queue, qui est on ne peut plus variable chez les individus non-seulement d'un même canton, mais d'une même nichée. Elle est composée d'environ 130 anneaux écailleux, et égale le plus souvent chez les vieux la longueur du corps, mais il arrive quelquefois qu'elle est d'un tiers plus courte. Je possède toutes les dimensions intermédiaires. On doit aussi se résoudre à ne baser aucune observation sur la forme du museau, chez les individus secs des collections.

Le Rat nain semble habiter toute l'Europe tempérée. Je l'ai observé communément en Belgique, Shaw en Angleterre, Hermann en Alsace, M. P. Gervais aux environs de Paris, M. Millet sur les bords de la Loire. Il se trouve dans toute l'Allemagne, et Pallas l'a vu dans une grande partie de la Russie et de la Sibérie; enfin M. Savi m'a montré, conservé dans l'alcool, un petit Rat de Toscane qui semble aussi s'y rapporter. Je dois cependant faire observer que je ne l'ai pas vu dans les collections formées à Lyon et à Marseille, et qu'il ne se voit pas dans la plus grande partie de la Suisse.

Observation. — Le *M. minutoïdes* du Cap en diffère par sa queue constamment plus longue que le corps d'un cinquième, par un pelage un peu plus foncé et les pieds d'un brun roussâtre.

APPENDICE.

Dans les *Proceedings of the zoological society* de Londres, pour 1837, on trouve une notice de M. W. Thompson sur un Rat d'Irlande, qu'il considère comme formant une espèce nouvelle voisine, mais distincte, du *M. rattus*. N'ayant pas vu en nature cet animal, je ne saurais émettre d'opinion à son égard. Cependant, si la couleur du pelage est constante, et surtout si la différence dans la longueur des oreilles n'est pas le résultat de la préparation de l'animal, je serais tenté de l'admettre.

N° 3bis. — MUS HIBERNICUS. Thompson.

RAT IRLANDAIS.

Diagnose. — Taille du *M. rattus.* Pelage *noirâtre*, sans mélange de roussâtre, *une tache d'un blanc pur* sur la poitrine. Queue notablement *plus courte que le corps.*

Dimensions. — (Voyez le tableau.)

Synonymie. —	Mus hibernicus. Irish rat.	W. Thompson, *Proceed. of zool. soc.*

Cette espèce diffère du *M. rattus* dans les proportions de la queue, qui est plus courte que le corps, et des oreilles, qui sont aussi plus courtes et mieux garnies de poils ainsi que la queue. (Il se rapprocherait un peu du *M. decumanus* par ces caractères.) Son pelage est plus doux que celui du *M. rattus*, dont il diffère en couleur par une tache à peu près triangulaire d'un blanc pur sur la poitrine. Cette tache a environ 8 lignes de longueur. Les pieds de devant sont de la même couleur.

Habite le nord de l'Irlande. L'individu décrit par M. W. Thompson, et déposé au Belfast Muséum, a été pris à Rathfriland, comté de Down. Ils étaient fort communs dans le comté de Corck, il y a plusieurs années, mais semblent devenus rares depuis. Il est à remarquer que le véritable *M. rattus* paraît avoir été détruit dans les Iles Britanniques par le Surmulot. Le *M. hibernicus* serait-il une sorte d'hybride de ces deux espèces? ce n'est cependant pas probable.

Pour compléter mon travail sur les Rats européens, je crois devoir signaler deux animaux de Sicile qui appartiennent assez probablement au genre *Mus,* et qui ont été découverts et décrits par M. Rafinesque-Smaltz, dans son *Précis de découvertes de somiologie*. N'ayant pu consulter cet ouvrage, je ne puis que transcrire ce qu'en dit Desmarest d'après l'auteur cité.

N° 1. MUSCULUS FRUGIVORUS. RAFIN.

RAT FRUGIVORE.

Longueur totale 15 *pouces*. Pelage d'un *roux brunâtre* et parsemé de longs poils bruns en dessus, *blanc en dessous*. Oreilles nues, arrondies. Queue de la longueur du corps, brune, annelée, ciliée et cylindrique.

Habite la Sicile où il vit de fruits, et niche sur les arbres. Il est bon à manger. D'après cette seule indication, M. Lesson en fait un Loir, avec doute, il est vrai, sous le nom de *Myoxus siculæ*.

N° 2. MUSCULUS DICHRURUS. RAFIN.

RAT A QUEUE BICOLORE.

Longueur totale 8 *pouces*. Pelage *fauve*, mélangé de brunâtre en dessus et sur les côtés. *Tête marquée d'une bande brunâtre*. Ventre *blanchâtre*. Queue de la longueur du corps, brune en dessus, blanche en dessous, annelée, ciliée et un peu équarrie comme celle du *Sorex tetragonurus*.

Habite aussi la Sicile, vit dans les champs et tombe en léthargie pendant l'hiver.

J'ai vu au muséum de Paris un individu du *Musculus frugivorus*, conservé dans l'alcool. Il est fort difficile de juger *à priori* si cet animal est un vrai *Mus*, ou s'il doit former un genre intermédiaire entre les *Mus* et les *Myoxus*, car il diffère en tout cas des *Myoxus* ou Loirs, par sa queue annelée et non pénicillée. M. de Blainville, qui se propose d'en examiner l'ostéologie, lèvera prochainement tous les doutes sur la place de cette espèce intéressante, dont la taille est double de celle du *M. sylvaticus*. La seconde espèce est de la taille du Mulot, et semble se rapprocher par ses mœurs et sa léthargie du *M. subtilis* de Sibérie, qui lui-même ressemble aussi aux Loirs par le manque de vésicule du fiel.

Dimensions des espèces européen[nes du] Genre Rat. (*Mus.* Linn. Cuv.)

Espèces.	Longueur totale.	Longueur du corps.	Tête.	Du museau au coin postérieur de l'œil.	Longueur des oreilles.	…ras.	Pied antérieur.	Jambe postérieure.	Longueur du pied postérieur.	Longueur de la queue.	Observations.
	p. l.	p. l.	p. l.	p. l.	p. [illegible]	l.	p. l.	p. l.	p. l.	p. l.	
M. Decumanus. Pall. Rat Surmulot.	15 »	8 »	2 »	1 2	» [illegible]	5½	» 10	1 8½	1 7	7 »	Largeur des oreilles · 7 lignes.
M. Alexandrinus. Geoff. Rat d'Alexandrie.	16 6	7 6	2 »	1 »	» [illegible]	2	» 9	1 9	1 6	9 »	
M. Rattus. Linn. Rat noir.	15 9	7 4	1 10	1 1	» 1[illegible]	2	» 8½	1 9	1 6½	8 5	Largeur des oreilles · 8 lig., d'après M. W. Thompson.
M. Hibernicus. Thomps. Rat irlandais.	15 »	7 6	1 10	1 1	» 9	»	» »	» »	1 6	5 0	
M. Musculus. Linn. Rat-souris.	6 8	3 4	» 11	» 6	» 5	6	» 3	» 7½	» 8½	3 4	Dimensions d'un très-grand individu.
M. Islandicus. Thienem. Rat d'Islande.	6 9	3 6	1 »	» »	» 7	»	» »	1 4	» 9	3 3	Dimensions, d'après Thieneman, largeur des oreilles : 6 lignes.
M. Sylvaticus. Linn. Rat Mulot.	7 8	4 2	1 2	» 7½	» 8	8	» 6	1 1	» 11½	3 6	Dimensions d'un individu de grande taille, d'après Daubenton, ou le *Mus sylvaticus*, Holandre.
	6 6	3 4	1 »	» 7	» 7	7½	» 5⅓	» 11	» 10	3 2	Dimensions d'un individu ordinaire des champs de la Belgique.
	5 2	2 8	» »	» »	» 7	»	» »	» »	» 10	2 0	Dimensions d'un individu de la petite race, du *M. campestris*, ou mulot des bois Daubenton. Holandre.
M. Agrarius. Pall. Rat agraire.	6 5	3 8	1 »	» »	» 4	»	» »	» 8½	» 9	2 7	
M. Minutus. Pall. Rat nain.	4 10	2 5	» 0	» 4½	» 4	4½	» 3¼	» 6¼	» 6	2 5	Du coin postérieur de la bouche à l'extrémité du nez . 3½ lig., dimensions d'un individu ordinaire.
	4 »	2 4½	» 8½	» 4	» 3¾	4	» 3	» 6	» 5¾	1 7½	Dimensions prises sur un individu de la même espèce, mais à queue plus courte. — *NB.* Il y en a d'intermédiaires (Du coin postérieur de la bouche à l'extrémité du nez : 3¼ lignes.)
M. Frugivorus. Raffin.	15 »	7 6	» »	» »	» »	»	» »	» »	» »	7 6	D'après M. Raffinesque.
M. Dichrurus. Raffin.	8 »	4 »	» »	» »	» »	»	» »	» »	» »	4 »	Idem.

Observations sur le tableau.

Les dimensions les plus importantes pour déterminer les espèces sont :

1° La longueur totale; 2° celle du corps; 3° de la queue; 4° des oreilles et enfin 5° celle des pieds postérieurs depuis le talon jusqu'au bout des ongles. Il est bon d'observer que ces dimensions ne peuvent être invariables ni absolues, mais sont prises sur des individus de taille ordinaire.

N'ayant pu examiner le squelette des *M. alexandrinus, Islandicus* et *Agrarius*, qui sont justement les espèces les plus intéressantes, je présenterai plus tard le tableau des vertèbres et la comparaison du crâne des diverses espèces.

§ III.

REVUE DES CAMPAGNOLS D'EUROPE.

GENRE CAMPAGNOL. (*ARVICOLA*. Lacép.)

CARACTÈRES DU GENRE.

Formule dentaire. — Incisives $\frac{2}{2}$ = canines $\frac{0}{0}$ = molaires $\frac{3-3}{3-3}$. Total 16.

Incisives supérieures médiocres, assez larges, minces, en biseau. Les inférieures longues, aussi plus minces qu'épaisses, arquées et très-aiguës à leur extrémité. Molaires composées; chaque dent comme divisée en zigzag par deux ou trois sillons latéraux, alternant de part et d'autre, et formés par les replis de l'émail. L'antérieure de chaque côté notablement la plus haute, et toutes plus longues que larges. Les dents sont si rapprochées et les sillons latéraux alternent si régulièrement, qu'il est difficile de s'apercevoir de la solution de continuité entre chaque dent.

Museau court, un peu obtus. Oreilles larges, un peu plus longues que le poil ou beaucoup plus courtes. Point d'abajoues. Yeux petits ou médiocres. Pieds antérieurs à quatre doigts onguiculés, et une verrue ou un ongle très-petit remplaçant le pouce. Les postérieurs à cinq doigts onguiculés, mais le pouce très-petit. Les ongles médiocres, arqués, et comme en gouttières en dessous. (Pas de cils ni de palmures entre les doigts.) Queue de la longueur du quart du corps, ou dépassant même un peu la moitié, arrondie, composée de petits anneaux écailleux presque toujours revêtus de poils courts.

Synonymie. Mus. (*Sectio mures cunicularii*) L. Pall. Gm. Schreb.
Arvicola. Lacép. Cuvier. Desm. Less. Bonap. Savi. Yarrel, etc.
Hypudæus. Illig. Brants.
Microtus. Schranck.
Myodes et / Mus *pars* } Pall. (*Zoogr. ross.*)
Lemmus. Geoffr. Tiedem. Fred. Cuv. Fisch.

Les Campagnols proprement dits, ont des représentans en Europe, en Asie, dans l'Afrique et l'Amérique septentrionales, mais ils sont étrangers à l'Océanie, à l'Amérique méridionale et aux parties de l'Afrique et de l'Asie comprises dans l'hémisphère austral. Les espèces américaines que j'ai vues, ne m'ont pas paru former des sections géographiques; mais on trouve dans cette contrée plusieurs genres voisins : la plupart des espèces connues sont de l'Asie centrale et de l'Europe. Celles d'Asie sont cantonnées dans des zones séparées dans le sens de la longitude, d'autres d'après la hauteur du sol. Celles d'Europe sont aussi localisées d'une manière très-positive. L'*Amphibius*, l'*Arvalis* et le *Rubidus*, paraissent de toute l'Europe transalpine, y compris les Iles Britanniques; le *Terrestris* est propre aux Alpes et à la Suisse; le *Monticola* aux Pyrénées et sans doute à l'Espagne; le *Subterraneus* n'a été trouvé qu'entre la Meuse et la Seine, et les deux ou trois espèces de l'Italie, *A. destructor, Savii*, et une variété locale de l'*Amphibius*, n'habitent nulle part au nord des Alpes; enfin le *Socialis* est circonscrit au désert entre le Volga et le Jaïck. Nous manquons de données pour généraliser l'habitat du *Fulvus* et du *Duodecimcostatus*, qui n'ont été encore observés le premier que dans le nord et le second que dans le midi de la France. Le choix de la nourriture des Campagnols, qui, au reste, est généralement toute végétale, est aussi très-absolu pour chaque espèce. Les uns sont granivores; d'autres recherchent les herbes aquatiques, d'autres les racines des plantes potagères. L'existence de plusieurs des espèces de Sibérie est en quelque sorte liée à celle de certaines liliacées, comme l'ail, les tulipes, les lis, qu'elles dévorent et dont elles remplissent aussi leurs magasins; car tous les Campagnols sont remarquables par l'instinct qui les porte plus ou moins à rassembler des provisions dans une case particulière de leurs garennes. Ces garennes sont parallèles au sol et plus ou moins longues selon les espèces. La queue des Campagnols n'est pas prenante comme celle des rats, et leurs ongles sont faits pour fouir et non pour grimper, aussi ne les voit-on jamais monter sur les arbres. La petitesse de leurs yeux et de leurs oreilles indique aussi que ce sont des animaux essentiellement souterrains; et ces habitudes sont d'autant plus prononcées que ces caractères sont plus intenses. Cette règle ne souffre aucune exception. Quelques espèces sont aussi sujettes à opérer de grandes migrations, mais sans s'établir pour cela dans de nouvelles régions comme les rats. Tel est l'*OEconomus* en Asie. Les Lemmings, qui forment un genre à peine distinct des Campagnols, ont aussi ces habitudes au plus haut degré; ils voyagent comme le Campagnol économe en ligne droite, par troupes de plusieurs centaines de mille, sans se laisser arrêter par aucun obstacle.

Nous persistons à préférer au nom d'*Hypudæus* d'Illiger celui d'*Arvicola* de Lacépède, qui a la priorité. Les objections élevées contre lui, comme le fait très-bien remarquer le prince de Musignano, sont trop futiles pour prévaloir sur l'antériorité qui lui appartient. Cuvier est aussi de cet avis. Celui de *Lemmus*, donné par M. Geoffroy, est cité ici parce que cet auteur réunit les vrais Lemmings aux Campagnols. Il répond au *Myodes* de Pallas, si ce n'est que ce dernier laisse l'*Amphibius* parmi les vrais *Mus*.

Les Lemmings, habitans du cercle arctique des deux mondes, ne diffèrent, il est vrai, des *Arvicola* que par leur queue tellement courte qu'elle est à peine visible [1]; mais ces animaux ayant une physionomie particulière, il n'y a pas d'inconvénient à maintenir la coupe générique adoptée par Cuvier, ou *Georychus* d'Illiger.

La place que la famille des Campagnols (*Arvicolinæ*) doit occuper dans la série des Rongeurs claviculés, est

[1] M. Duvernoy classe cependant les Lemmings parmi les Rats-Taupes, en raison de leurs ongles forts et de leurs molaires qui ont des racines; mais cette séparation ne semble pas légitime, puisque les pieds du *Lemmus lagurus* sont semblables à ceux des Campagnols, et que les dents de l'*Arvicola rubidus* ont des racines lorsque l'animal est adulte.

indiquée par la forme de leurs molaires composées, qui les rapproche des Castors d'une part et des Lièvres d'autre part, qui sont inclaviculés; mais leurs autres affinités ne permettent pas de les classer suivant une série entièrement linéaire; ainsi les grandes espèces aquatiques à longue queue et à oreilles courtes, passent aux Castors par le genre *Ondatra,* tandis que celles à oreilles et queue courtes inclinent vers les Rats-Taupes (*Aspalax*), par le genre *Lemming*. Mais les Campagnols, aussi terrestres, à oreilles et queue plus longues, forment un embranchement particulier qui se rapproche des vrais *Mus* (*Murinæ*), par plusieurs genres exotiques à dents semi-composées.

La longueur des oreilles m'avait engagé à former deux sections, dont la première, sous le nom de *Hemiotomys,* se subdivisait en aquatiques ou terrestres, d'après la longueur de la queue. Aujourd'hui je crois devoir former un quatrième groupe, d'après l'observation que M. Nathusius m'a communiquée que l'*A. rubidus* (son *Hypudæus hercynicus*) a des dents molaires à racines dans l'âge adulte; d'autant plus que la longueur de la queue fournit un second caractère. Je ferai aussi de légers changemens dans la caractérisation des autres groupes, pour les améliorer.

SECTION Ire.

Oreilles externes plus courtes que le poil, souvent presque nulles. Yeux très-petits.

1er GROUPE. — Campagnols aquatiques. (Hemiotomys.)

Ces espèces, les plus grandes du genre, fréquentent le bord des eaux. Leur queue est presque toujours égale à la moitié du corps (ou dépasse en tous cas le tiers). Les oreilles orbiculaires, presque nues extérieurement, bordées de poils à leur extrémité. Les pieds forts, larges, écailleux. Les espèces observées jusqu'ici ont 13 paires de côtes.

ARVICOLA AMPHIBIUS, MONTICOLA, DESTRUCTOR, TERRESTRIS (d'Europe).
ARV. RIPARIUS (de l'Amérique sept.).

2me GROUPE. — Campagnols Lemmings. (MICROTUS.)

Ces espèces se rapprochent des *Lemmings* par leurs oreilles externes presque nulles. Leur queue est plus courte que le tiers du corps. Ils sont terrestres et vivent souterrainement. Les espèces dont l'ostéologie est connue ont été reconnues avoir 14 paires de côtes.

ARVICOLA FULVUS, SAVII (d'Europe), ŒCONOMUS (d'Asie).

Il y a aussi des espèces américaines.

SECTION II.

Oreilles externes aussi longues que le poil; bien développées. Yeux variables, souvent proéminens.

1er GROUPE. — Campagnols proprement dits (ARVICOLA.)

Queue de la longueur du tiers ou du quart du corps. Molaires sans racines (ce caractère est commun aux deux groupes de la première section). Oreilles externes aussi longues ou un peu plus longues que le poil, bien développées. Toutes ces espèces sont terrestres.

Espèces à 13 paires de côtes :

ARVICOLA SUBTERRANEUS, ARVALIS (d'Europe), GREGALIS, ALLARIUS (de Sibérie).

Espèces à 12 paires de côtes :

ARVICOLA DUODECIMCOSTATUS (d'Europe), A. SOCIALIS (d'Europe et d'Asie).

N. B. Ces espèces à 12 paires de côtes, n'ont pas été suffisamment examinées.

2me GROUPE. — Campagnols murins. (Myodes.)

Molaires ayant des racines chez les vieux individus, mais sans racine chez les jeunes. Oreilles externes un peu plus longues que le poil, bien développées. Queue aussi longue que la moitié du corps (chez l'espèce connue). 13 paires de côtes.

L'espèce connue (*Arv. rubidus*) d'Europe, vit dans les bois humides; peut-être faudra-t-il lui adjoindre l'*A. rutilus* de Sibérie, mais celui-ci a la queue beaucoup plus courte. Peut-être aussi l'*A. saxatilis* de la même contrée.

Le genre *Mynomes* de Raffinesque forme une 3e section caractérisée par sa queue écailleuse. L'espèce *Arv. pratensis* est d'Amérique.

Je dois prévenir que je m'opposerais entièrement à l'élévation d'aucune de ces sections au rang de genre ou de sous-genre. Toutes passent de l'une à l'autre par des nuances insensibles dans la longueur de la queue et des oreilles; et, quant au caractère tiré de la racine des dents, il est probable qu'il existe à un degré plus ou moins fort chez d'autres espèces. Si je me suis permis d'imposer à ces groupes des noms latins pris parmi les synonymes du genre, ce n'est nullement pour qu'ils puissent être introduits dans la nomenclature binaire, mais pour donner aux étrangers l'idée des divers noms que j'ai employés en français.

Les espèces européennes que je décrirai sont :

1°	Arvicola	amphibius. (Auct.)	Campagnol	*amphibie.*
2°	—	monticola. (De Selys.)	—	*montagnard.*
3°	—	destructor. (Savi.)	—	*destructeur.*
4°	—	terrestris. (L.)	—	*Schermaus.*

5°	Arvicola	savii. (De Selys.)	Campagnol	de Savi.
6°	—	fulvus. (Geoffr.)	—	fauve.
7°	—	subterraneus. (De Selys.)	—	souterrain.
8°	—	arvalis (Gm.)	—	des champs.
9°	—	duodecimcostatus. (De Selys.)	—	à 12 paires de côtes.
10°	—	socialis (Pallas.)	—	social.
11°	—	rubidus. (Baillon.)	—	roussâtre.

N. B. Le prétendu *A. rutilus* d'Europe, est l'*Arv. rubidus*; le vrai Œconomus ne se trouve pas non plus en Europe.

Note essentielle. — Pour abréger les descriptions, je préviens que je ne parlerai pas de la couleur de la base et de la partie moyenne du poil, qui n'est visible qu'en l'écartant.

Cette couleur, dans tous les Campagnols, comme dans presque tous les autres petits Rongeurs, est d'un gris d'ardoise foncé.

N° 1. ARVICOLA AMPHIBIUS. Lacep.

CAMPAGNOL AMPHIBIE.

Diagnose. — Taille du rat noir. Queue noirâtre, un peu plus longue que la moitié du corps. Pelage d'un brun terreux ou ferrugineux en dessus, roussâtre sur les côtés; cendré foncé en dessous, glacé de roux sur l'abdomen. (13 paires de côtes.)

Dimensions. — (Voyez le tableau.)

Synonymie. — Mus amphibius. L. Gm. Pall. Schreb.
Arvicola amphibius. Lacép. Cuv. Desm. Less. De Selys.
Lemmus amphibius. Geoffr. Tiedem. Fisch.
Microtus terrestris. Schrank.
Lemmus aquaticus. Fred. Cuv. Baillon.
Mus aquaticus. Briss.
Rat d'eau. Buff.

N. B. Supprimez tous les autres synonymes donnés par les auteurs.

Pelage d'un brun obscur, plus ou moins ferrugineux en dessus, passant un peu au roussâtre sur les flancs et sur les côtés de la tête. Le dos et surtout la croupe mélangés de poils plus longs, noirâtres. Tout le dessous du corps d'un cendré foncé, comme glacé de roux clair sur le ventre. Oreilles plus courtes que le poil, cachées, presque nues, bordées de poils à leur extrémité. Yeux très-petits, enfoncés. Le tour intérieur du globe rouge. Museau grisâtre ; les poils de la lèvre supérieure rigides blanchâtres. Pieds très-forts, épais, écailleux, à poils raides très-courts, cendré foncé. Queue un peu plus longue que la moitié du corps, composée de plus de cent dix anneaux écailleux, couverte de poils d'un cendré noirâtre en dessus, plus pâles en dessous.

Chez les jeunes individus, le pelage est d'un brun jaunâtre en dessus, et le cendré du dessous n'est pas glacé de roux.

Var. α. Blanche. Les yeux rouges (*albinisme*).
Var. β. Noire (*Arvicola ater*, Mac Gillivray).

Cette variété a été décrite comme espèce par M. Mac Gillivray, qui l'a observée dans les marais de l'Angleterre ; mais M. Jenyns pense que ce n'est qu'une variété, attendu qu'il a vu des individus intermédiaires entre les deux nuances. De semblables individus noirs avaient aussi été observés en Sibérie par Pallas.

Synonymie. — Arvicola ater. Mac Gillivray.
Mus amphibius. Var. *Niger*. Pall. Gm. Fisch.

Var. γ? d'Italie.

Plus petit, plus noirâtre en dessus, dessous du corps enfumé de marron et non de roux. Queue entièrement unicolore, marron foncé. Lèvre supérieure couverte intérieurement de poils assez longs, raides, blancs.

Synonymie. — Arvicola amphibius. Ch. Bonap. (*Fauna italica.*)
— pertinax. P. Savi. Musée de Pise.
— amphibius. Var. Italica, P. Savi, 1839.

Le crâne de cette variété, figuré avec l'animal dans l'iconographie de la faune italienne, ne paraît différer en rien de celui de l'*Amphibius*. Cela joint au peu d'importance des caractères donnés par le professeur Paolo Savi, nous engage à imiter sa réserve et à indiquer le Campagnol amphibie d'Italie comme variété locale, en attendant que des comparaisons nombreuses aient fait constater si les caractères assignés aux deux races sont assez fixes pour distinguer une espèce. Quant à moi, je dois dire que les individus que j'ai vus au musée de Pise, ne m'ont pas paru avoir une physionomie très-particulière, mais que cependant M. Savi annonce, en publiant cette variété, qu'il conserve la conviction qu'elle forme une espèce.

Elle habite les Maremmes de la Toscane et d'Ostia. Se trouve aussi sur le bord des rivières aux environs de Rome. Ses mœurs sont comme celles de l'*Amphibius*.

Il me reste à parler de deux variétés indiquées par les anciens auteurs, mais qui n'ont pas été revues récemment.

Var. δ. ? des marais (Mus PALUDOSUS L.)

Indiquée comme espèce par Linné et caractérisée ainsi :

Tout noir, pieds blancs, queue de la longueur du corps, poilue.

Synonymie. — Mus PALUDOSUS. Lin. MANTISSA. Plaut.
— AMPHIBIUS. Var. *Paludosus*. Gm. Desm. Fisch.

Le prince de Musignano a voulu expliquer la création de cette espèce par la croyance de Linné, que le *M. amphibius* avait les pieds palmés ; mais cela ne fait pas concevoir mieux la phrase spécifique que je viens de citer.

Cette variété ou espèce aurait été trouvée en Suède. Elle a beaucoup de rapports avec la *Var.* β d'Angleterre.

Var. ε. Tachetée.

Jaunâtre pâle. Une grande tache irrégulière blanche sur les épaules, et souvent une ligne de la même couleur sur la poitrine. (*Mus amphibius maculatus*. Poll. Gm. Desm. Fisch.)

Observée sur les bords de l'Obi, par Pallas; peut-être est-ce une espèce distincte.

Nota. Les variétés américaines attribuées par les auteurs à l'*Amphibius*, sont entièrement différentes.

Habite presque toute l'Europe centrale et septentrionale. En Italie, on ne trouve que la *variété locale;* et dans la plus grande partie de la Suisse, précisément dans celle où l'*Arv. terrestris* est commun, comme à Zurich, l'*Amphibius* n'existe pas. Il vit sur le bord des rivières et des étangs, mais fréquente plus particulièrement les jardins et les prairies humides; se nourrit de racines et ronge de préférence celles des arbres fruitiers; il cause par là de grands préjudices, et mange également les bulbes des plantes aquatiques. On dit aussi qu'il dévore les petits poissons et les crustacés. Cet animal, qui mord cruellement lorsque l'on veut s'en saisir, creuse des garennes assez profondes, dont l'une des issues est souvent au-dessous du niveau de l'eau. Tantôt il y fait ses petits et tantôt il construit son nid en herbes aquatiques au milieu des joncs. Il fait deux portées par an de 6 à 8 petits chacune. Pour observer cet animal à loisir, il faut se tenir caché près des étangs qu'il fréquente. On le verra traverser l'eau soit à la nage, soit en plongeant, et ayant l'air de courir au fond de l'eau. Plus souvent il se bornera à se promener sous les racines qui bordent la rive. Le Campagnol amphibie est à peine plus aquatique que le Surmulot.

N° 2. ARVICOLA MONTICOLA. De Selys, 1838.

CAMPAGNOL MONTAGNARD.

Diagnose. — Taille de l'*Amphibius*. Queue cendré clair, un peu plus courte que la moitié du corps. Pelage d'un gris jaunâtre, mélangé de jaunâtre pâle sur les côtés, cendré blanchâtre en dessous et sur les pieds. (15 paires de côtes?)

Dimensions. — (Voyez le tableau.)

Synonymie. — Arvicola monticola. De Selys, *Revue zoologique*, 1838.

Cette espèce diffère du Schermaus (*A. terrestris*) par le crâne qui se rapproche de celui de l'*Amphibius;* par une taille beaucoup plus forte; par sa queue plus longue, et par la nuance plus pâle de son pelage. Elle se distingue aussi de l'*Amphibius* par ce dernier caractère, mais en outre par sa queue gris pâle, plus courte que le corps, et par la nature de son pelage qui est très-doux, égal et comme laineux, sans mélange sur le dos de ces poils plus longs qui caractérisent l'*Amphibius* et le *Destructor*. La nuance du pelage est assez pâle pour être semblable à celle des individus ternes de l'*Arvalis*. Le gris blanchâtre du dessous est très-légèrement lavé de jaune pâle sur l'abdomen. Le jaunâtre est plus vif sur les côtés de la tête. La queue, hérissée de poils cendré pâle, est plus courte que le corps, et composée d'environ cent anneaux écailleux. La conformation des yeux, des oreilles, du museau et des pieds, est à peu près semblable à celle de l'*Amphibius*.

Habite les Pyrénées. Je l'ai décrit d'après des individus recueillis aux environs de St-Bertrand de Comminge, par les naturalistes du musée de M. Nérée Boubée.

D'autres individus se trouvent sous le faux nom de Schermaus dans diverses collections.

N. B. Il est difficile de distinguer du *Terrestris* les jeunes individus du *Monticola*. On devra prendre pour guide en ce cas, la couleur plus pâle du pelage, et la queue, lorsqu'on ne pourra examiner les crânes, ni connaître la provenance des exemplaires.

N° 5. ARVICOLA DESTRUCTOR.

CAMPAGNOL DESTRUCTEUR.

Diagnose. — Taille de l'*Amphibius*. Queue brune, plus longue que la moitié du corps. Pelage du dessus du corps inégal, d'un brun jaunâtre mêlé de gris. Dessous du corps et pieds cendré blanchâtre presqu'uniforme. (15 paires de côtes.)

Dimensions. — (Voyez le tableau.)

Synonymie. — Arvicola terrestris. Ch. Bonap. (*Icon. ital.* Pl. .)

N. B. Sur cette planche, la queue est représentée un peu trop courte.

Arvicola musignani. De Selys. (*Revue zoologique*, janv. 1830.)
— destructor. P. Savi (*Giornal de' Letterati*, n° 102, février 1839.)

Voici à peu près la description qu'en donne M. Savi, et à laquelle je ne juge à propos de faire que de légers changemens.

« Pelage des parties supérieures d'un brun jaunâtre mêlé de gris assez

» semblable à celui du dos du Surmulot. Côtés du corps d'une couleur » un peu plus claire. Gorge et poitrine d'un cendré blanchâtre. Abdomen » d'un cendré *très-légèrement* teint de jaunâtre. Extrémité du museau et » de la lèvre supérieure de la même couleur que le dos. Lèvre inférieure » comme la gorge. Museau gonflé et obtus à son extrémité. Les oreilles » et les yeux comme ceux de l'*Amphibius.* »

Le pelage du dos est encore plus inégal que dans l'espèce précitée, et mêlé de poils plus longs et noirs, ce qui lui donne aussi une couleur mélangée. Les moustaches, qui sont noirâtres à leur base, et blanchâtres à leur extrémité, sont aussi plus longues que dans les espèces voisines. La queue, qui dépasse un peu la proportion de celle de l'*Amphibius*, est composée d'environ 135 anneaux écailleux et couverte de poils courts, rigides, noirâtres en dessus, gris blanchâtre en dessous. Il y a 4 mamelles pectorales et 4 ventrales.

Se distingue facilement du *Terrestris* et du *Monticola* par la longueur de la queue et la nature du pelage du dos, mais diffère moins à l'extérieur de l'*Amphibius*. Ses principaux traits de dissemblance doivent encore être cherchés dans le pelage du dos, qui ressemble beaucoup à celui du Surmulot (*Mus decumanus*), et dans la couleur cendré blanchâtre et non cendré foncé du dessous. Mais ce qui prouve incontestablement l'authenticité de l'espèce, c'est la forme du crâne, qui est toute différente de celle de ses congénères. (*Voyez* les planches et leur explication.

Var. α. Noirâtre.

Je possède un individu jeune, qui paraît avoir atteint les trois quarts de sa longueur, et semble se rapporter au *Destructor* par ses proportions et par la forme du crâne, bien que le pelage soit beaucoup plus foncé.

Presque tout le corps est d'un brun noirâtre qui laisse à peine apercevoir un mélange de poils bruns, jaunâtres en dessus et sur les côtés. Le dessous est d'un cendré presque noir, très-légèrement mêlé de gris jaunâtre. Les longs poils du dos et de la croupe sont tout noirs. Les pieds et la queue sont couverts de petits poils de cette couleur, ainsi que les anneaux écailleux. L'extrémité seule de la queue offre un petit bouquet de poils cendrés. Les ongles sont blanchâtres [1].

Les individus adultes et jeunes dont je viens de parler viennent des environs de Pavie et de Milan. L'espèce a été aussi trouvée aux environs de Rome, par le prince de Musignano, et en Toscane, par M. Paolo Savi. Voici quelques observations intéressantes, traduites de la notice que vient de publier celui-ci.

« Cet animal cause de grands dommages aux travaux hydrauliques que l'on a entrepris dans les Maremmes de Toscane, parce qu'il fait non-seulement périr les plantes que l'on cherche à propager sur les digues, mais encore parce que ses longues garennes, souvent percées de part en part, donnent passage à l'eau. Il a été observé en très-grand nombre dans la province de Piombino, en 1837, tandis qu'on ne l'y avait pas vu jusque-là. Je crois que la cause de cette apparition de Campagnols fut les pluies extraordinaires tombées en septembre 1836. Les fleuves débordés et les marais tout couverts d'eau pendant long-temps, les forcèrent à se réfugier dans les champs cultivés et les lieux plus élevés. Se nourrissant d'herbes aquatiques et de bulbes de *Nymphea* et de ra-

[1] Je ne connais pas le jeune âge de l'*Arv. pertinax* de M. Savi; mais il ne me semble pas probable qu'on puisse y rapporter cet individu. La forme des os nasaux est la même que dans le *Destructor*.

cines inutiles à l'homme, leur présence n'avait pas été remarquée auparavant.

» Au printemps 1837, les plaines cultivées, spécialement de grains et les collines adjacentes, furent envahies par une multitude innombrable. Ils exercèrent leurs premiers ravages sur les fèves, mais aussitôt que le blé fut à point, ils se jetèrent dessus abandonnant les fèves. Pour arriver aux épis, ils coupent quelques tiges de blé et les font tomber les unes sur les autres pour parvenir ensuite aux épis qui se couchent de la même manière par le poids combiné de l'animal et des tiges. Après la moisson, ils attaquèrent les maïs, mais leur plus grande rapine s'exerça sur le blé. On calcule que les quatre cinquièmes de la récolte furent détruits. Ils disparurent pendant l'hiver, *mais au retour du printemps, celui de* 1838, ils recommencèrent à ravager la campagne. Depuis cette époque[1] *ils ne furent plus remarqués*, ce qui fait

[1] Cette phrase combinée avec la précédente, qui est imprimée en caractère italique, prouve surabondamment, que ce n'est que par une faute typographique, que le mémoire imprimé en février 1839, se trouve daté du 5 février 1838. Ceci est assez important pour moi qui avais publié la même espèce en janvier 1839, sous le nom d'*Arv. Musignani*, c'est-à-dire, un mois avant M. Savi. Je ne pouvais, par conséquent, savoir le nom que ce savant lui imposait, mais je reconnais que lui non plus, n'a pu avoir connaissance de mon travail. On concevra facilement que je croyais cette espèce inconnue à M. Savi lui-même, puisqu'à mon passage à Pise, en mars 1838, lorsque nous examinâmes ensemble son musée, elle n'y portait pas d'autre étiquette que celle d'*Arv. amphibius*. De plus, c'est d'après des individus rapportés de Pavie, que j'ai décrit cette espèce, que j'ai reconnue plus tard avoir été figurée sous le nom de *Terrestris*, par le prince Ch. Bonaparte.

Cette dernière considération m'engagea à en offrir la dédicace à cet auteur, dont les recherches laborieuses ont si bien éclairci la faune italienne. Mais comme *l'Arvicola destructor* a été réellement recueilli d'abord, sinon décrit par M. Savi, pour éviter autant que possible d'embrouiller la synonymie, je crois devoir changer le nom d'*Arv. Musignani* en celui de *Destructor*, regrettant, non la création d'une dénomination nouvelle, mais le faible souvenir que j'avais voulu donner au savant auteur de l'*Iconographia*.

croire qu'ils seront retrournés dans leurs anciennes demeures redevenues sèches. Leurs garennes sont très-considérables. Elles sont terminées par un magasin où ils entassent une masse de provisions et surtout d'épis. »

Le prince de Musignano rapporte des faits analogues. Il a observé qu'il est excessivement nuisible aux vignobles et aux plantes potagères ; aussi sa tête a-t-elle été mise à prix aux environs de Rome, où on le nomme *Sorca pantanara*. Il habite ordinairement les marais pendant les grandes chaleurs, et se rapproche des lieux secs à l'époque des pluies. Des individus captifs ont constamment refusé toute espèce de nourriture animale, et s'en sont tenus aux végétaux.

N° 4. ARVICOLA TERRESTRIS. Savi.

CAMPAGNOL SCHERMAUS.

Diagnose. — Taille d'un quart moindre que celle de l'*Amphibius*. Queue brune en dessus, plus pâle en dessous, *un peu plus longue que le tiers du* corps. Pelage d'un *brun plus ou moins jaunâtre* en dessus, jaunâtre sur les côtés, cendré glacé de jaunâtre sur l'abdomen. (13 paires de côtes.)

Dimensions. — (Voyez le tableau.)

Synonymie. — Mus terrestris. L. Herm.
Microtus terrestris. Schranck.
Hypudæus terrestris. Schinz.
Lemmus terrestris. Fred. Cuv. Fisch.
Arvicola terrestris. Savi [1].
— argentoratensis. Desm. Less.
Mus amphibius. Var. *Terrestris*. Gm.

[1] La description de M. Savi est très-exacte, mais celle du crâne me paraît faite sur un crâne d'*Amphibius*, attendu qu'il dit que les crêtes de la cavité orbitale se touchent, *ce qui n'arrive jamais* chez le *Terrestris*.

SCHERMAUS (et par erreur SCHERMAN). Buff.
MUS SCHERMAUS. Shaw.
ARVICOLA PALUDOSUS. Desmoulins (*Exclusis synonymis*)[1].

Pelage d'un brun jaunâtre foncé sur le dos, s'éclaircissant sur les côtés de la tête et les flancs, où le jaunâtre devient plus intense (sans jamais passer au roux comme chez l'*Amphibius*). Pelage du dos égal, sans grands poils, dépassant les autres à la croupe. Dessous du corps d'un cendré assez clair, très-légèrement lavé de jaune pâle sur l'abdomen (mais point glacé de roux rubigineux comme chez l'espèce précitée). Queue des $\frac{4}{10}$ de la longueur du corps, couverte de poils courts, bruns en dessus, cendrés en dessous. Pieds aussi à poils très-courts, d'un cendré blanchâtre. Yeux très-petits, noirs. Oreilles comme chez l'*Amphibius*, mais museau encore plus gros, obtus.

Var. α. Blanche. Yeux rouges (albinisme).

Se rencontre assez souvent dans les Alpes, aux environs du lac de Thun, dans l'Oberland Bernois.

Var. β. Noire, toute de cette couleur.

Un individu de cette variété est déposé au musée de Bâle. Il a un facies très-singulier. Habite les jardins et les prairies situés près des eaux, en Suisse, aux environs de Strasbourg et dans les montagnes de l'Allemagne occidentale. Se trouverait aussi en Suède, si c'est le vrai *Mus terrestris* de Linné, mais je n'ai pu comparer des individus de ce pays. On a avancé à tort qu'il préfère les lieux secs : ses habitudes se rapprochent au contraire de celles de l'*Amphibius*, dont il diffère constamment par la

[1] Supprimez aussi la note où M. Desmoulins dit que l'apophyse sus-orbitaire du frontal, est beaucoup plus saillante que chez l'*Amphibius*, où elle est presque nulle, *vu que c'est l'inverse qui existe*.

longueur de la queue, la nature du pelage et surtout par la forme du crâne.

M. le professeur Schinz m'écrit qu'aux environs de Zurich on ne trouve pas l'*Amphibius*, mais que le *Schermaus* y est commun, que ses habitudes sont aussi aquatiques que celles de son congénère et qu'il fait des magasins de noisettes et de racines de l'*Apium petroselinum*. Il va chercher ces racines dans l'eau, en plein jour.

N. B. L'*Arv. terrestris* de Ch. Bonaparte, se rapporte à la nouvelle espèce nommée *Arv. destructor*, décrite ci-dessus.

Dans plusieurs collections suisses, le Schermaus est étiqueté sous le nom de *Wurtzelmaus* ou *Mus œconomus*.

N° 6. ARVICOLA FULVUS. Desm.

CAMPAGNOL FAUVE.

Diagnose. — Taille de l'*Arvalis*. Oreilles externes *presque nulles*, nues. Queue de la longueur du *tiers du corps*, jaunâtre. Pelage d'un *fauve jaunâtre clair* en dessus, blanchâtre en dessous. Pieds d'un jaunâtre clair.

Dimensions. — (Voyez le tableau.)

Synonymie. — Lemmus fulvus. Isid. Geoffr.
Arvicola fulvus. Desm. Less. De Selys. Pl. I.
Hypudæus fulvus. Brants. (*An. arv. rubidus*.
Arvicola oeconomus. Musée de Strasbourg, 1838.

Nota. L'*Arvicola fulvus* de M. Millet, *Faune de Maine-et-Loire*, se rapporte à l'*Arv. rudibus*, et non à notre *Fulvus*. La même erreur existe dans plusieurs musées d'Allemagne.

Il ressemble au premier abord au Campagnol des champs, mais il en diffère par la presque nullité de ses oreilles externes et par la nuance de son pelage, qui est d'un fauve plus jaune et aussi vif que dans le *M. minutus*. Le dessous du corps est blanc ou blanchâtre. Sa queue, qui égale à peu près le tiers de la longueur du corps, est jaunâtre, un peu plus foncée en dessus. Les pieds et les doigts sont couverts de poils jaunâtres, plus touffus que chez l'*Arvalis*. Les yeux sont très-petits. Je n'observe que six mamelles, dont deux pectorales, dans l'individu de ma collection.

Habite la France, la Belgique, mais excessivement rare partout. J'en ai pris un individu avec des *Arvalis*, dans un jardin, à Longchamps-sur-Geer (province de Liége), en août 1831. Un autre individu plus jeune a été observé aux environs de Louvain, par M. le professeur Van Beneden. J'en ai vu deux au musée de Strasbourg, sous le nom allemand de *Wurtzelmaus* (Rat des racines) ou *Arvicola œconomus* qui, à Bâle, est donné au Schermaus. L'espèce a été découverte d'abord en France, et signalée par M. Geoffroy-St-Hilaire, mais la description de Desmarest paraît plutôt avoir été faite sur un *Arvicola rubidus*, auquel il a donné les oreilles du *Fulvus*. La taille qu'il lui assigne, 4 pouces pour le corps, et 3 pouces 9 lignes pour la queue, ne peut au reste convenir à aucun des deux.

Je présume que cet animal est voyageur. Je ne saurais expliquer autrement son extrême rareté chez nous.

N° 6. ARVICOLA SAVII. De Selys.

CAMPAGNOL DE SAVI.

Diagnose. — Taille de l'*Arvalis*. Oreilles externes un peu velues, *beaucoup plus courtes que le poil*. Queue un peu plus courte que le tiers du corps. *Bicolore*, brunâtre en dessus, blanchâtre en dessous. Pelage d'un *gris brun* en dessus, cendré en dessous. Pieds d'un cendré clair. (14 paires de côtes.)

Dimensions. — (Voyez le tableau.)

Synonymie. — Arvicola savii. De Selys. (*Revue zoolog.* 1838.)
— arvalis. Ch. Bonap. (*Iconogr.* Pl. .)

Il a les formes du *Fulvus*, mais ses oreilles sont un peu moins nulles, quoiqu'infiniment plus courtes que le poil, et le pelage est d'un gris brun terreux en dessus et cendré en dessous, ce qui lui donne à peu près l'apparence des individus clairs du *Subterraneus*. Ce brun tourne quelquefois un peu au roussâtre obscur, sur la tête et le dos de quelques individus. Le museau est gros, obtus; les yeux très-petits; la queue un peu plus courte que le tiers du corps, poilue, brune en dessus, blanchâtre en dessous. Les pieds d'un gris blanchâtre, à ongles assez forts. Le pouce des antérieurs moins rudimentaire que chez l'*Arvalis* et les autres espèces voisines; il a 8 mamelles toutes ventrales et inguinales.

J'ai remarqué pour la première fois cette espèce dans le musée de Pise, formé par les soins du savant professeur Paolo Savi, qui a si bien fait connaître les petits Mammifères de Toscane, et auquel je suis heureux de pouvoir rendre un hommage public. Depuis, j'en ai vu d'autres individus à Pavie, ainsi que chez M. le professeur Balsamo Crivelli de Milan, qui a eu la bonté de m'en remettre plusieurs, ce qui m'a donné occasion de reconnaître, en les dissiquant, que l'*Arv. Savii* a 14 paires de côtes, ce qui le rapproche de l'*OEconomus* de Sibérie; mais ce dernier est de taille plus forte, sa queue plus courte et beaucoup plus velue, et ses oreilles nues.

Le Campagnol de Savi se trouve en Toscane, en Lombardie et sans doute dans toute l'Italie. Il est sujet comme l'*Arvalis* a une immense multiplication. Le prince de Musignano dit qu'on en tua onze mille dans une seule ferme des États Romains, en une saison. Il aime les lieux secs, se creuse deux ou trois garennes courtes, dont l'une sert de magasin et l'autre de nid. Sa nourriture consiste en céréales. M. Savi m'écrit que dans la campagne de Pise, il montre une grande préférence pour les fèves, et qu'il en remplit son magasin. Le prince de Musignano, qui, faute d'objets de comparaison, avait décrit et figuré cette espèce sous le nom d'*Arvalis*, en signale deux variétés accidentelles.

Var. α. — Blanche.
Var. β. — Tapirée de blanc.

N.B. Ce Campagnol est le seul des espèces de petite taille qu'on trouve en Italie. Il y remplace à la fois l'*Arvalis*, le *Subterraneus* et le *Fulvus* du reste de l'Europe.

N° 7. ARVICOLA SUBTERRANEUS. De Selys.

CAMPAGNOL SOUTERRAIN.

Diagnose. — Taille un peu moins forte que celle de l'*Arvalis*. Oreilles un peu plus courtes, *de la longueur du poil, presque nues*. Yeux *très-petits*. Queue de la longueur du *tiers du corps, bicolore*, noirâtre en dessus, blanche en dessous. Pelage d'un *gris noirâtre* en dessus, cendré ou blanchâtre sur l'abdomen seulement. Pieds *cendré foncé* (13 paires de côtes).

Dimensions. — Voyez le tableau.

Synonymie. — Arvicola subterraneus. De Selys, 1836. Pl. III.
Lemmus pratensis. Baillon, 1834.
Mus oeconomus. Bosc. (Collection.)
Arvicola oeconomus? Cuv., *Regn. anim.* (*Exclus. synonym.*)
Mus agrestis? Lin. (*Faun. suec.*)

Oreilles médiocres, presque nues, ce qui laisse voir leur peau qui est blanche, entourées à leur base de poils longs, qui les font paraître cachées, surtout quand l'animal est en vie. Yeux très-petits (une fois plus petits que dans l'*Arvalis*). Queue un peu plus courte que le tiers du corps, couverte de poils noirâtres en dessus, blancs et blanchâtres en dessous. Pelage presque entièrement d'un gris noirâtre plus ou moins foncé à l'exception de la gorge, qui est cendré foncé, et du ventre, dont les poils cendrés sont terminés de blanc dans le pelage complet. (Dans certains individus, les poils du dessus du corps ont leur pointe d'un brun terreux, assez clair, ce qui donne une nuance plus claire au pelage, approchant des individus ternes de l'*Arvalis*, mais il n'y a jamais comme chez ces derniers, de vestiges de jaunâtre sur les flancs.) Pieds d'un cendré foncé. Museau gros, obtus, 6 mamelles toutes ventrales et inguinales.

Les très-jeunes individus sont d'un noir un peu bleuâtre, uniforme, avec la peau des oreilles blanches.

Le pelage de cette espèce est ordinairement du même gris en dessus que la souris (*Mus musculus*), tandis que l'*Arvalis* et d'un fauve grisâtre, approchant de la nuance du Mulot. La petitesse des yeux, la couleur des pieds et de la queue et la nudité des oreilles, tels sont les moyens de distinguer, au premier examen, le *Subterraneus* de son congénère.

L'authenticité de cette espèce n'est plus révoquée en doute, comme avant la publication de mon premier mémoire. Je suis bien aise d'avoir pu rendre son existence incontestée, et, au fait, il n'y a pas d'espèce plus solide; mais il se présente une question de nomenclature assez délicate. Bien que je l'aie découverte en 1831, je ne l'ai publiée qu'en 1836. J'ignorais alors la diagnose que M. Baillon en avait donnée dans les *Mémoire de la société d'émulation d'Abbeville*, en 1834, où se trouve, parmi le catalogue des vertébrés de cet arrondissement, le signalement des *Lemmus Pratensis* et *Rubidus*, qui sont identiques avec les *Arvicola subterraneus* et *Rufescens* de mon premier mémoire. La priorité appartient donc à M. Baillon; mais je ne puis cependant adopter toute sa nomenclature, parce qu'il existe déjà un *Arvicola* de l'Amérique septentrionale, sous le nom de *Lemmus pratensis* (Fischer, 1830), et qu'ensuite le nom de *Campagnol des prés*, en français, a été donné depuis longtemps par plusieurs auteurs à l'*OEconomus*, et qu'il faut soigneusement éviter tout ce qui pourrait faire confondre ces deux espèces.

La diagnose de l'*OEconomus*, dans le régne animal, signale le *Subterraneus*, puisque Cuvier a peine à le distinguer de l'*Arvalis*, et ne dit pas que l'*OEconomus* a des oreilles externes presque nulles.

Habite la Belgique, la Flandre française et les environs de Paris. Se trouverait aussi en Suède si c'était le même que le *Mus agrestis* de Linné, que je n'ose rapporter à l'*Arvalis*, parce que Linné dit *corpore nigro fusco, abdomine cinerascente*. Il n'a pas encore été observé dans l'est et le midi de la France, ni dans aucune autre partie de l'Europe.

Dans la province de Liége, où je l'ai remarqué d'abord, il est commun dans les jardins à légumes, situés non loin des rivières. Il se trouve aussi dans les prairies humides, mais jamais dans les champs. Se nourrit de racines, principalement de céleris, de carottes et d'artichauts et cause par là de grands ravages dans les jardins. Vit toujours souterrainement dans ses garennes; aussi ne tombe-t-il que bien rarement dans les trous à découvert que l'on fait pour prendre l'*Arvalis*; les jardiniers l'appellent *petite Ratte*, pour le distinguer de l'*Amphibius* ou *grosse Ratte*. Ils le prennent au moyen d'une sorte de pince à ressort, qui l'étrangle au moment qu'il se saisit de l'amorce. Ce Campagnol n'est pas sujet à se multiplier comme celui des champs. Chaque famille vit dans un semis séparé de céleris ou d'un autre légume. Dans ses garennes on trouve un magasin où il rassemble ses provisions, qui sont composées de petits morceaux de légumes d'égale grosseur ; très-souvent ce sont aussi des fragmens de racine du grand liseron (*Convolvulus*).

Cet animal, par la petitesse relative de ses oreilles et de ses yeux, forme le passage de la section des *Arvicola* à oreilles plus courtes que le poil à ceux qui les ont plus longues. Il est d'un naturel farouche. J'ai essayé d'en nourrir un individu en société avec de jeunes *Arvalis*. Ces derniers étaient devenus en peu de jours très-familiers, mais le Campagnol souterrain, qui leur inspirait une grande terreur, se tenait blotti dans la ouate et le son, et ne s'est jamais apprivoisé. Il jetait un cri et cherchait à mordre dès qu'on le touchait. Il a constamment refusé de manger du grain, qui forme, au contraire, la nourriture favorite de l'*Arvalis*. Il se nourrissait de carottes.

Nota. On pourrait croire que c'est au *Subterraneus* qu'il faut rapporter la citation suivante de Fischer : *Lemmus arvalis* β Buffonii *pilis multo tenuioribus et longioribus; corpore unicolore nigro vel e fusco cinereo nigrescenti; capite villoso; naso longe obtusiore; auriculis vellere absconditis.* (Buff., *Hist. nat.*, tom. VII, pag. 372). Corps 4 pouces, queue 1 pouce 7 lignes. Ces dimensions sont trop fortes pour le *Subterraneus.* En tout cas, il faut supprimer entièrement cette indication de Fischer, ou la rapporter avec beaucoup de doutes à l'*A. duodecim costatus.*

N° 8. ARVICOLA ARVALIS. Lacép.

CAMPAGNOL DES CHAMPS.

Diagnose. — Taille de la Souris. Oreilles *plus longues que le poil, velues.*

Yeux gros, proéminens. Queue un peu plus longue que *le quart du corps, unicolore, jaunâtre.* Pelage d'un fauve jaunâtre mêlé de gris en dessus, blanchâtre en dessous. Pieds d'un *blanc jaunâtre.* (13 paires de côtes).

Dimensions. — (Voyez le tableau.)

Synonymie. — MUS ARVALIS. L. Gm. Pall. Schreb.
ARVICOLA ARVALIS. Griff. De Selys. Pl. II.
LEMMUS ARVALIS. Tiedem. Fréd. Cuv. Fisch.
HYPUDÆUS ARVALIS. Brants. Illig.
ARVICOLA AGRESTIS. Fleming.
ARVICOLA VULGARIS. Dem. Millet. Less.
ARVICOLA OECONOMUS. Millet. (Un jeune individu.)
LE CAMPAGNOL. Buff.

Nota. On cite ici le *Mus terrestris* d'Erxleben, mais il dit *Auriculis vellere brevioribus*, ce qui doit faire supprimer entièrement cette citation peu importante à éclaircir.

Oreilles assez grandes, plus longues que le poil, garnies de petits poils courts jaunâtres. Yeux proéminens, volumineux (comparés à ceux du *Subterraneus*). Queue de la longueur du quart du corps ou un peu plus longue, couverte de poils courts d'un jaunâtre sale, à peu près unicolore. Pieds revêtus de petits poils courts et rigides, d'un blanc jaunâtre. Pelage des parties supérieures d'un fauve jaunâtre plus ou moins mêlé de gris-brunâtre, surtout chez les femelles. Une ligne d'un jaune plus pur sur les flancs. Dessous du corps d'un blanc sale. 8 mamelles dont 4 pectorales.

Chez de très-jeunes individus, longs à peine de 2 pouces 4 lignes (l'adulte atteint jusqu'à 4 pouces 10 lignes), les oreilles étaient fort peu développées, terminées par une bordure formée de petits poils très-noirs, et les pieds avaient une épaisseur énorme, comparée à celle des adultes. Le pelage était très-court, jaune en dessus, blanchâtre en dessous. Il faut bien se garder de rapporter au *Fulvus* ces très-jeunes individus, comme j'eusse été tenté de le faire si je n'avais suivi les différens âges.

Les jeunes, avant d'avoir atteint leur croissance, ont

fréquemment le ventre cendré au lieu de l'avoir blanchâtre. La description donnée par M. Millet de son *Arvicola œconomus*, est faite d'après celle de Desmarest, mais ce savant ayant eu la bonté de m'envoyer quelques-uns de ses *OEconomus*, je me suis assuré que ce sont des individus d'âge moyen de l'*Arvalis*.

Var. α. Blanche. Yeux rouges (albinisme).
Var. β. Blanc jaunâtre (albinisme).
Var. γ. Tapirée de blanc.
Var. δ. D'un noir profond.

M. le professeur Schinz m'a signalé cette variété remarquable, dont un individu, pris aux environs de Zurich, est déposé au musée de cette ville. Il affirme qu'il appartient à l'*Arvalis*. Au musée de Metz, j'ai vu aussi une variété *noirâtre*, mais qui m'a paru en partie causée par la perte de l'extrémité des poils, qui laisse voir la couleur ardoisée foncée de la base.

Le Campagnol des champs se trouve dans toute la France, la Belgique, l'Angleterre, et, à ce qu'il paraît, dans toute l'Europe, à l'exception de la Péninsule italienne; il s'étend jusqu'à l'ouest de l'Obi, en Sibérie. J'ai vu des individus d'Archangel qui ne paraissent pas différer des nôtres. Seulement le pelage était d'un brun jaunâtre un peu plus foncé en dessus, et d'un blanc pur mêlé de cendré en dessous. On m'en a adressé un semblable de Hambourg, sous le faux nom d'*OEconomus*. M. Schinz en a observé à plus de 6000 pieds d'élévation, près de l'hospice du St-Gothard; ils ne différaient pas non plus. Il s'est assuré que cette espèce y forme aussi des magasins composés de racines de saule des Alpes.

Mais les plaines cultivées sont la véritable habitation du Campagnol des champs. Il y devient un fléau par son extrême multiplication. On me permettra de reproduire et de modifier quelques observations à ce sujet, insérées déjà dans mon *Essai monographique* : « Ces animaux, avant l'époque de la moisson, coupent la tige des céréales pour en faire tomber l'épi. Cette nourriture venant ensuite à leur manquer, ils dévorent les racines des jeunes trèfles, pour se rejeter ensuite sur les champs de carottes ; enfin, aux approches de l'hiver, après avoir attaqué les semailles de froment, ils viennent se réfugier en grand nombre dans les meules de blé.

J'ai vu au contraire les Campagnols devenir presque rares en certaines années, sans que l'on puisse se rendre compte de la cause de cette destruction, ni de celle qui les ramène en si grand nombre, une ou deux fois tous les dix ans. Je suis tenté de croire qu'ils opèrent de grandes migrations pendant certaines années. C'est sans doute dans une de ces circonstances que je les ai vus, en 1832, envahir en si grand nombre un jardin potager entouré d'eau et de murailles, qu'il en tombait plus de soixante par jour dans un petit tonneau disposé à cet effet le long des murs. Lorsqu'ils sont poussés par la faim, ils se dévorent les uns les autres. On dit que les pluies continuelles les font périr. Les oiseaux de proie en détruisent une grande quantité, surtout les chouettes et les buses. J'ai disséqué des buses qui en avaient avalé jusqu'à quinze. Le héron s'en nourrit également. On voit que ces oiseaux, qui ne nuisent que rarement aux basses-cours, et prennent difficilement le gibier, doivent être respectés par les agriculteurs qui confondent à tort, dans une même réprobation toutes les espèces d'oiseaux de proie.

Plusieurs moyens ont été essayés pour se débarrasser des Campagnols. On a tenté de les empoisonner au moyen de carottes préparées avec de l'arsenic, que l'on place dans les garennes; mais cette méthode offre des dangers réels pour les autres animaux. On a aussi essayé de les enfumer, et cette opération est bien préférable pourvu que l'atmosphère en facilite la réussite. Une excellente pratique, qui est usitée par les cultivateurs de la Hesbaye (province de Liége), consiste à creuser dans les champs, au moyen d'une tarrière en fer, un grand nombre de petits trous ronds d'un diamètre de 4 à 5 pouces. Les Campagnols y tombent, et on vient les tuer deux fois par jour, avant qu'ils n'aient eu le temps de sortir en creusant des garennes latérales. Par ce moyen, je me suis procuré plusieurs autres petits Mammifères, notamment des *Mus minutus* et des *Musaraignes*.

N° 9. ARVICOLA SOCIALIS. Desm.

CAMPAGNOL SOCIAL.

Diagnose. — Taille de l'*Arvalis*. Queue un peu plus courte que *le quart du corps*. 12 *paires de côtes*[1], 5 *vertèbres lombaires*. Pelage très-doux, d'un cendré pâle en dessus. Blanc en dessous et sur les pieds. Oreilles larges, presque nues. Queue blanchâtre.

Dimensions. — (Voyez le tableau.)

Synonymie. — Mus socialis. Pall. Gm. Schreb.
Arvicola socialis. Desm. Less. Griff.
Hypudæus socialis. Brants.
Lemmus socialis. Fréd. Cuv. Fisch.
Le campagnon. Vicq d'Azyr.
Mus gregarius? Lin. (*Syst.* Édit. 12e.)

[1] Vicq d'Azyr lui donne 13 paires de côtes.

N'ayant pu examiner cette espèce par moi-même, je suis contraint d'en rapporter la description de Pallas et de Vicq d'Azyr.

Oreilles assez grandes, aussi longues que le poil, presque nues. Queue un peu plus courte que le quart du corps, blanchâtre, très-poilue. Pieds blancs. Pelage des parties supérieures très-doux, égal, long de cinq lignes et plus, d'un gris pâle s'affaiblissant insensiblement sur les flancs ; d'un blanc pur en dessous. Le tour du museau d'un fauve léger en dessus. Moustaches blanches. Le museau obtus. La tête un peu plus petite que chez l'*Arvalis*.

Habite les déserts entre le Volga et le Jaïk ; préfère les lieux les plus herbus ; se nourrit de racines de diverses plantes, particulièrement de tulipes, dont il forme des magasins.

Nº 10. ARVICOLA DUODECIM-COSTATUS. De Selys.

CAMPAGNOL A 12 PAIRES DE CÔTES.

Diagnose. — Taille de l'*Arvalis*. Queue un peu plus longue que *le tiers du corps*. 12 *paires de côtes ;* 6 *vertèbres lombaires*. Pelage ?....

Dimensions. — (Voyez le tableau.)

Synonymie. — Arvicola duodecim-costatus. De Selys. (*Rev. zool.* janv. 1839.)
Mus oeconomus. Olivier. (Collection du museum.)

L'ostéologie seule de cette espèce est connue jusqu'ici. Je n'en possède qu'un squelette qui était regardé à Genève comme étant le même que l'*Arvalis*. Un autre squelette, absolument semblable, fait partie de la collection du muséum à Paris, et avait été envoyé des environs de Montpellier, par Olivier, sous le nom d'*OEconomus*.

Conséquemment l'espèce habite le midi de la France et les frontières de la Suisse. C'est en effet de ce Campagnol que Cuvier (*Règne animal*) parle à l'article de l'*Économe* lorsqu'il dit : « On croit aussi l'avoir trouvé dans le midi de la France et en Suisse, dans les champs de pommes de terre, mais le squelette de ces Campagnols, n'ayant que 12 paires de côtés, on ne peut le rapporter à l'*Économe*, qui en a 14 paires. » La même observation est faite par Ant. Desmoulins (*Dict. d'hist. nat.*) Il est singulier que l'extérieur de cette espèce ne soit pas connu. Il n'en existe aucune peau dans les musée de Lyon, de Marseille et de Genève. Il faut croire que cette espèce est fort rare, ou qu'elle habite des localités très-restreintes. En tous cas ce n'est pas un *Arvalis* auquel on aurait arraché une côte, puisqu'il n'a que 6 vertèbres lombaires comme l'*Arvalis*, et qu'il en aurait une de plus en ce cas. Ce n'est pas non plus le *Socialis* qui n'a que 5 lombaires. Il reste un dernier doute à éclaircir : serait-ce par hasard le squelette du *Fulvus*, qui jusqu'ici n'a pas été décrit ? Mais alors, comment aurait-il pu être pris pour l'*Économe*? C'est aux savans des environs de Montpellier à éclaircir cette question. Ce n'est qu'avec doute et par analogie avec les *Socialis*, que je place cette espèce parmi les Campagnols à oreilles externes médiocres, bien développées.

Si c'était par hasard l'*Arvalis*, var. β. *Buffonii*, de Fischer, il différerait extérieurement de l'*Arvalis* par un pelage plus doux et plus long, noir, unicolore ou noirâtre mêlé de brun cendré, la tête velue, le museau beaucoup plus obtus, et les oreilles cachées sous les poils.

N° 11. ARVICOLA RUBIDUS. De Selys.

CAMPAGNOL ROUSSÂTRE.

Diagnose. — Taille de l'*Arvalis*. Oreilles plus longues que le poil, velues. Yeux gros, proéminens. Queue un peu *plus longue que la moitié du corps; bicolore*, noirâtre en dessus, blanchâtre en dessous. Pelage d'un *roux rubigineux* en dessus, cendré sur les côtés, blanchâtre en dessous. Pieds blanchâtres. (13 paires de côtes.)

Dimensions. — (Voyez le tableau.)

Synonymie. — Mus rutilus. Var. β. *minor caudâ longiore*. Gm. Fisch.
— glareolus. Schrebers (selon Nathusius.)
Arvicola fulvus. Millet, *Faune de Maine-et-Loire*, 1828.
— riparia. Yarrell, 1832.
— rufescens. De Selys, 1836. Pl. IV. Holandre, 1837.
Lemmus rubidus. Baillon, 1834.
Hypudæus hercynicus. Mehlis (suite de Schrebers, 1835?)

Oreilles assez grandes, un peu ovales, plus longues que le poil, garnies de petits poils roussâtres, une touffe de poils blancs très-fins et cachée derrière l'oreille. Yeux proéminens, mais moins que chez l'*Arvalis*. Queue un peu plus longue que la moitié du corps, couverte de poils courts, noirâtres en dessus, d'un blanc jaunâtre en dessous. Ces poils cachent les anneaux écailleux qui sont au nombre de plus de 90. Pieds d'un blanc sale, un peu plus longs que ceux de l'*Arvalis*, ainsi que les doigts. Pelage des parties supérieures d'un roux ferrugineux, plus ou moins vif selon la saison, les poils étant terminés de noirâtre. Cette couleur rousse se fond sur les côtés du corps et de la tête en un cendré brun, qui lui-même disparaît pour faire place au blanchâtre du dessous. Chez les individus en pelage parfait, ce blanchâtre est glacé de roux clair sur tout le ventre.

Chez les jeunes, il n'y a souvent que le dessus de la tête et le milieu du dos qui soient d'un roux bien prononcé. Le reste du dessus du corps est fortement mêlé de cendré foncé.

La synonymie de cette espèce a été assez embrouillée

par les divers auteurs qui n'ont pas reconnu dans ce Campagnol, la variété à longue queue du *M. rutilus* signalée par Pallas et Gmelin, aux environs de Symbirsk et en Allemagne. On devait se borner à ériger cette variété en espèce, en ayant soin d'y joindre la synonymie. M. Millet, dans la *Faune de Maine-et-Loire,* décrivit très-exactement l'espèce sous le nom d'*Arvicola fulvus,* en 1828, après avoir consulté M. Desmarest sur cette détermination; en 1832, M. Yarrell la signala, en Angleterre, sous celui d'*Arvicola riparia,* et y ajouta des détails très-intéressans sur son anatomie. Il annonça aussi qu'il différait de l'*Arvalis* en ce qu'il a 4 vertèbres de plus à la queue, faisant en tout 24 vertèbres sacrées et coccygiennes; mais les individus que j'ai disséqués n'en ont que 23 d'apparentes; la 24me est rudimentaire. Je ferai observer, quant au nom de *Riparius,* qu'il a déjà été employé par Ord, pour désigner un Campagnol aquatique de l'Amérique septentrionale, celui nommé *depuis* par Harlan, *Arvicola palustris.*

En 1836, j'ai décrit et figuré cette espèce comme nouvelle, sous la dénomination d'*Arvicola rufescens,* parce que les savans que j'avais consultés à Paris n'avaient pas connaissance des travaux de MM. Yarrell et Baillon. Ce dernier l'appela *Lemmus rubidus,* dans son catalogue des animaux des environs d'Abbeville. Il ressemble un peu trop, peut-être, au *Rutilus,* employé pour désigner l'espèce voisine d'Asie; mais je crois devoir néanmoins l'adopter pour ne pas faire prévaloir, pour cette raison, le nom de *Rufescens,* que je n'ai proposé que postérieurement. M. Holandre, qui recueillit cette espèce à Metz, adopta en 1836 ma nomenclature.

Cet article était expliqué ainsi, lorsque j'ai reçu de M. Hermann Nathusius, une peau de l'*Hypudæus hercynicus* (*Mehlis*), espèce figurée récemment dans les suites de Schrebers. J'ai de suite reconnu qu'elle est identique avec mon Campagnol roussâtre. M. Nathusius croit qu'elle est aussi la même que le *Mus glareolus,* trouvé en Danemarck, par O.-F. Müller, qui aurait la priorité sur tous, mais la description de cet auteur est si incomplète et la figure de Schrebers si détestable, que si l'on adoptait le nom de *Glareolus,* cela ne manquerait pas de causer de nouveaux doubles emplois. Cette planche, qui ne laisse pas voir vestige des oreilles, est d'une couleur terreuse uniforme. Quant au mot *Hercynicus,* il n'a pas été heureusement choisi, et ne peut s'appliquer à une espèce d'Angleterre et de France. Il est d'ailleurs plus récent. M. Nathusius a bien voulu me signaler une observation très-remarquable, c'est que dans cette espèce les molaires ont, à l'âge adulte, des racines comme chez les véritables *Mus,* tandis que les jeunes ont des molaires sans racines comme les autres espèces. On voit qu'on avait eu tort de donner ce caractère comme propre à séparer les *Lemmings* des *Campagnols*. Par la longueur de la queue et des oreilles, le *Rubidus* se rapproche aussi de certains *Mus,* et notamment de l'*Agrarius* [1].

Les individus de Russie, et ceux que M. Millet m'a envoyés de la France centrale, ne diffèrent pas. L'espèce habite conséquemment presque toute l'Europe centrale. Elle est bornée à l'est, par l'Oural, à l'ouest, par la Loire ; au nord, on l'a observée en Angleterre et en Danemarck ;

[1] C'est peut-être ici qu'il faudrait placer le *Lemmus niloticus* de M. Geoffroi.

au midi, M. le docteur Bifferi l'a recueillie à Lyon, et M. Nathusius dit qu'elle vit dans l'Allemagne méridionale ; mais je ne l'ai vue dans aucune collection de Suisse ni d'Italie.

Le Campagnol roussâtre habite les bois humides et fréquente le voisinage des petits ruisseaux, sur le bord desquels il creuse souvent ses garennes. M. Yarrell dit qu'il se construit un lit en laine. En Belgique, l'espèce est rare, et se trouve non-seulement dans les bois humides, mais encore sur les collines qui entourent la ville de Liége.

APPENDICE

AU GENRE ARVICOLA.

N° 1. ARVICOLA OECONOMUS. Desm.

CAMPAGNOL ÉCONOME.

Diagnose. — Taille plus forte que celle de l'*Arvalis*. Oreilles externes nues, beaucoup plus courtes que le poil. Queue égalant à peine le quart du corps; très-bicolore et poilue; noire en dessus, blanche en dessous. Pelage gris foncé en dessus, un peu jaunâtre sur les côtés, blanchâtre en dessous. Pieds gris. (14 paires de côtes.)

Dimensions. — (Voyez le tableau.)

Synonymie. — Mus oeconomus. Pall. Gm.
Hypudæus oeconomus. Brants. Licht.
Arvicola oeconomus. Desm. Less. Griff.
Lemmus oeconomus. Tiedem. Fisch.
La fegoule. Vicq d'Azyr.
Campagnol des prés. Cuv.

J'ai pris la diagnose ci-dessus sur un individu déposé

au musée de Francfort-sur-le-Mein, le seul que j'ai vu dans tous les musées que j'ai visités. Pour compléter la diagnose je dirai d'après les auteurs :

Tête proportionnellement plus petite et plus courte que dans l'*Arv. arvalis*. Le museau un peu plus prolongé, brun à son extrémité, revêtu d'une petite crête de poils hérissés. Les yeux très-petits. Pelage brunâtre, résultant du mélange des poils gris foncés et noirâtres ; les jaunes étant plus nombreux sur les flancs que sur le dos. Queue composée d'anneaux écailleux, entre lesquels s'élèvent des poils nombreux très-longs, surtout à la face inférieure, bruns, noirâtres en dessus, blancs en dessous.

La femelle est un tiers plus grande que le mâle.

Habite les vallées profondes et humides de la Sibérie, depuis l'Irtisch jusqu'en Daourie, d'une part, et jusqu'au Kamschatka, d'autre part. Je renverrai aux ouvrages de Pallas, quant aux détails sur les mœurs de ce petit animal, qui amasse de grandes provisions et voyage en ligne droite par grandes troupes.

Si je mentionne ici l'*A. œconomus,* ce n'est pas que je l'admette comme espèce européenne, mais c'est justement pour rectifier l'opinion répandue à cet égard, et pour donner une diagnose exacte, *ex visu,* du vrai Campagnol économe, afin qu'on ne le confonde plus avec les espèces plus ou moins voisines d'Europe, notamment avec l'*Arv. Savii.* On va voir par l'analyse suivante de ce qu'on croit savoir sur l'*OEconomus* d'Europe, combien l'histoire de ces petits animaux est encore pleine de confusion.

1. Le premier auteur qui ait soupçonné l'habitat du *Mus œconomus* en Europe, est Gmelin, qui, dans une note, se demande si l'on ne doit pas y rapporter le *Mus*

glareolus, trouvé dans l'île d'*OEland*, par O.-F. Müller, et horriblement figuré ou plutôt défiguré dans les planches de Schrebers. Or, ce *Mus glareolus* est une espèce très-différente à *longue queue*, synonyme du *Rubidus* de M. Baillon.

2. Bosc crut ensuite le reconnaître dans un individu recueilli à Montmorency, près de Paris; mais celui-ci est simplement notre *Subterraneus*.

3. La description du pelage de l'Économe dans le *Règne animal* de Cuvier, se rapporte aussi au *Subterraneus*, mais les synonymes et la note anatomique signalent l'*OEconomus* d'Asie.

4. Cuvier annonce qu'on a cru trouver l'Économe en Suisse et dans le midi de la France, dans les champs de pommes de terre; mais celui-ci, qui n'a que 12 paires de côtes, est fort différent de l'espèce d'Asie, qui en a 14. C'est notre *Arv. duodecim-costatus*.

5. C'est d'après ces indications que Fischer (*Synops. mammalium*) ajoute a l'habitat : *Rarissimus in Europa*.

6. L'*OEconomus* (Millet, *Faune de Maine-et-Loire*) est établi sur de jeunes individus de l'*Arvalis*, mais la description est copiée de Desmarest et signale l'espèce d'Asie.

7. L'*OEconomus* que j'ai reçu d'un marchand de Hambourg, comme des bords de la Baltique, est aussi un simple *Arvalis*.

8. Ceux qui sont étiquetés *OEconomus* (Wurtzelmaus), dans plusieurs collections de la Suisse, sont des *A. terrestris*.

9. Les deux individus que j'ai vus sous les mêmes noms au musée de Strasbourg en 1838, étaient l'*A. fulvus*.

Conséquemment l'A. œconomus *ne se trouve pas en Europe.*

N° 2. ARVICOLA RUTILUS. Desm.

CAMPAGNOL ROUX.

On a aussi indiqué comme européen le *C. roux*, qui n'habite que la Sibérie, au delà de l'Obi et jusqu'au Kamschatka, mais on a voulu parler du C. roussâtre (*A. rubidus*) qu'on avait pris à tort pour une de ses variétés. On distinguera toujours le vrai *Rutilus* à sa queue beaucoup plus courte. Voici au surplus la diagnose propre à le discerner d'avec l'*Arvalis rubidus*.

Diagnose. Taille de l'*Arvalis.* Oreilles plus longues que le poil, presque nues, bordées de poils à leur extrémité. Yeux proéminens. *Queue de la longueur du tiers du corps*, très-poilue, *bicolore*, noirâtre en dessus, blanche en dessous. Pelage doux, d'un *roux jaune* en dessus, cendré sur les côtés, blanchâtre en dessous. Pieds blancs très-velus. (15 paires de côtes.) Soies des moustaches blanches.

Dimensions. — (Voyez le tableau.)

Synonymie. — Mus rutilus. Pall. Gm.
Arvicola rutilus. Desm. Less.
Hypudæus rutilus. Brants.
Lemmus rutilus. Fisch.
Le roux. Vicq d'Azyr.

1er TABLEAU COMPARATIF

Des caractères tirés du crâne chez les différentes espèces de Campagnols.

ARVICOLA AMPHIBIUS. (*Adulte*, pl. 1, *fig.* 1, pl. 2 *fig.* 1 bis.)	ARVICOLA MONTICOLA. (*Adulte*, pl. 1, *fig.* 3; pl. 2, *fig.* 3 bis)	ARVICOLA DESTRUCTOR. (*Adulte*, pl. 1, *fig.* 4; pl. 2, *fig.* 4 bis.)	ARVICOLA TERRESTRIS. (*Adulte*, pl. 1, *fig.* 6, pl. 2, *fig.* 6 bis)
Crâne médiocrement large.	Crâne plus grand et plus large que celui de l'*Amphibius*.	Crâne plus allongé et plus étroit que chez les trois autres.	Crâne un peu plus court que celui de l'*Amphibius*.
Os nasaux étroits, droits.	Os nasaux plus étroits que chez l'*Amphibius*, droits.	Os nasaux fort élargis à leur extrémité, courbés.	Os nasaux droits, plus larges que chez l'*Amphibius*.
Lignes sourcilières se rapprochant assez pour se toucher à la suture sagittale, mais sans former de crête saillante (espace entre les orbites médiocre); apophyse sur-orbitaire du frontal prononcée.	Lignes sourcilières se rapprochant assez pour se toucher à la suture sagittale, et y formant une petite crête saillante ainsi que les autres sutures supérieures du crâne. (Espace entre les orbites plus étroit que chez les trois autres espèces) Apophyse sur-orbitaire du frontal très-prononcée.	Lignes sourcilières ne se rapprochant jamais assez pour se toucher à la suture sagittale, mais restant toujours très-légèrement écartées chez les adultes. Chez les individus un peu plus jeunes (comme celui figuré nº 5 d'après le prince de Musignano), elles sont aussi écartées que dans le *Terrestris*. (Espace entre les orbites comme chez l'*Amphibius*); apophyse sur-orbitaire du frontal peu prononcée.	Lignes sourcilières ne se rapprochant jamais assez pour se toucher à la suture sagittale, mais restant toujours notablement écartées même chez les adultes. (Espace entre les orbites moins étroit que chez le *Monticola*; plus étroit que chez l'*Amphibius*.) Apophyse sur-orbitaire du frontal presque nulle.
Arcades zygommatiques peu fortes, un peu échancrées en avant, formant un angle obtus en arrière. Orbites étroits.	Arcades zygommatiques très-fortes en avant et en arrière, très-échancrées en avant, formant un angle obtus en arrière, très-différentes en avant de celles de l'*Amphibius*. Orbites plus larges.	Arcades zygommatiques fortes, presque sans échancrure en avant, formant un angle droit en arrière, différant entièrement sous ce rapport de celles des trois autres espèces. Orbites aussi plus larges.	Arcades zygommatiques comme chez l'*Amphibius*, mais les orbites peut-être un peu plus larges.

Les deux branches de la mâchoire inférieure assez écartées, se courbant peu en dedans avant leur articulation. (Pl 2, *fig* 1 bis.)	Les deux branches de la mâchoire inférieure à peu près comme chez l'*Amphibius*, mais plus fortes. (Pl. 2, *fig*. 3 bis.)	Les deux branches de la mâchoire inférieure très-peu écartées, et formant avant leur articulation un angle rentrant très-fort. (Pl 2, *fig*. 4 bis).	Les deux branches de la mâchoire inférieure au moins aussi écartées que chez l'*Amphibius* (Pl 2, *fig*. 6 bis).
Ligne du crâne vu de profil, penché même à partir des os nasaux.	Profil du crâne un peu plus incliné.	Profil du crâne beaucoup plus incliné en bas, à partir des os nasaux.	Profil du crâne comme chez l'*Amphibius*

Observations sur le 1er *tableau.* — Les quatre espèces présentent des différences dans la forme des angles prismatiques de la 1re molaire inférieure, mais ces différences ne pouvant être observées qu'avec une minutie extrême, je préfère me borner à l'énumération des caractères distinctifs visibles aux yeux de tous ; seulement dans le *Monticola* la partie antérieure de chaque molaire est plus étroite, de sorte que les trois dents sont mieux distinctes que chez l'*Amphibius* et le *Terrestris*. (Voyez pour le *Destructor* une description détaillée de la première molaire dans l'iconographie du prince de Musignano). Le *Monticola* est encore remarquable par la force et la largeur des incisives supérieures. Les jeunes individus sont remarquables par une tête plus courte, plus bombée ; par la largeur des os nasaux, et par l'écartement des lignes sourcilières même chez les espèces qui les ont réunies en crête occipitale à l'état adulte. J'ai fait figurer le jeune âge de l'*Amphibius* et l'âge moyen du *Destructor*.

Fig. 2. *Amphibius*, jeune (le même individu dont toutes les dimensions sont données au tableau général). — Les os nasaux sont aussi larges que chez le *Destructor*. Les lignes sourcilières peu visibles, aussi écartées que chez le *Schermaus*. Orbites très-étroits. Mâchoire inférieure aussi écartée que chez l'adulte. Le crâne plus bombé.

Fig. 5. *Destructor*, âge moyen. Les lignes sourcilières plus écartées que chez l'adulte. Cette figure est copiée sur celle donnée par le prince de Musignano. Chez un individu plus jeune, le crâne est analogue à celui de l'*Amphibius* jeune, mais les orbites sont aussi larges, et la mâchoire inférieure est aussi étroite que chez l'adulte, ce qui montre bien la différence des deux espèces.

2me TABLEAU COMPARATIF

Des caractères tirés du crâne chez les différentes espèces de Campagnols.

ARV. SAVII. (Pl. 3, *fig.* 1 bis.)	ARV. SUBTERRANEUS. (Pl. 3, *fig.* 2 bis.)	ARV. ARVALIS. (Pl. 3, *fig.* 3 bis.)	ARV. DUODECIM-COSTATUS. (Pl. 3, *fig.* 4 bis.)	ARVICOLA RUBIDUS. (Pl. 3, *fig.* 5 bis.)
Crâne comme le *Subterraneus*, mais un peu plus large.	Crâne un peu plus long que chez l'*Arvalis*.	Crâne court, large.	Crâne voisin de celui de l'*Arvalis*, mais un peu plus allongé.	Crâne plus allongé que chez les autres.
Os nasaux un peu plus larges que chez l'*Arvalis*.	Os nasaux plus étroits que chez les quatre autres.	Os nasaux assez étroits, mais moins que chez le *Subterranus*.	Os nasaux un peu plus larges que chez l'*Arvalis*.	Os nasaux plus élargis que chez les autres.
Espace entre les orbites comme chez le *Subterraneus*.	Espace entre les orbites très-large.	Espace entre les orbites plus étroit que chez les autres	Espace entre les orbites un peu plus large que chez l'*Arvalis*.	Espace entre les orbites aussi large que chez le *Subterraneus*.
Orbites étroits, mais assez larges en arrière, les arcades zygommatiques étant assez arquées.	Orbites étroits surtout en arrière, les arcades zygommatiques étant peu arquées.	Orbites larges, même en arrière, les arcades zygommatiques étant assez arquées.	Orbites larges, les arcades zygommatiques comme chez l'*Arvalis*.	Orbites moyens, allongés, étroits en arrière, les arcades zygommatiques étant peu arquées.

Observations. — On pourrait encore trouver d'autres petites différences, surtout en se servant d'une loupe, mais je crois que lorsqu'on peut se dispenser d'y avoir recours, cela vaut mieux. Je ferai remarquer cependant que les incisives supérieures sont peut-être un peu plus courtes et plus en coin chez le *Rubidus*, ce qui indique un rapprochement de plus avec les Rats.

N. B. Malgré tout le soin possible il est difficile d'obtenir des figures aussi petites entièrement parfaites. mais le fussent-elles, je prierai les naturalistes de ne jamais établir de nouvelles espèces en se basant sur une forme de crâne différente de celles que j'ai fait représenter. Cette partie varie selon l'âge, et parmi les différentes espèces, il y en a dont je n'ai pu suivre les diverses époques; on doit donc se borner à considérer cet organe chez la plupart des espèces comme un moyen d'appuyer les différences extérieures. Il n'en est pas de même pour les côtes et le nombre des vertèbres, ainsi qu'on l'a vu plus haut.

Dimensions des espèces du genre CAMPAGNOL. (*Arvicola.*)

ESPÈCES.	Longueur TOTALE.	Longueur du CORPS.	Longueur de la QUEUE.	TÊTE.	Du museau au coin postérieur de l'œil.	Longueur des OREILLES.	AVANT-BRAS.	PIED antérieur.	JAMBE postérieure.	Longueur du PIED POSTÉRIEUR.	Observations.
	p. l.	p. l.	p. l.	p. l.	p. l.	p. l.	p. l.	p. l.	p. l.	p. l.	
A. AMPHIBIUS	9 4	6 »	3 4	1 0½	» 8½	» 5½	» 10½	» 7	1 3	1 »	Individus adultes de Belgique, diamètre du globe de l'œil : 1½ l., espace entre les yeux : 3½.
Id. *juvenis*	6 7	4 1	2 6	1 3½	» 7½	» 3	» 8	» 6½	» 11	1 »	
Id. VAR. ITALICA	8 6	5 6	3 »	1 5	» 9	» 4	» 10	» 8	1 »	1 1	D'après Ch. Bonaparte et Savi.
A. MONTICOLA	9 »	6 3	2 0	1 5	» 9	» 5	» 8	» 7	1 1	1 »	Sur trois individus séchés. Pied postérieur : 11 lignes chez un.
A. DESTRUCTOR	9 9	6 »	3 9	1 6	» 10	» 4	1 »	» 8	1 4	1 2	Sur un individu sec, et aussi d'après Bonaparte et Savi.
A. TERRESTRIS	7 »	5 »	2 »	1 2	» 7½	» 3½	» 9	» 5	1 »	» 9	Diamètre du globe de l'œil, environ 1½ ligne.
Id. *femina*	7 8	4 11½	2 8½	» »	» »	» »	» »	» »	» 11	» »	
A. FULVUS	4 1	3 »	1 1	» 11	» 6	» 1	» 4	» 3	» 7	» 7	Sur un individu sec.
A. OECONOMUS	5 7	4 6	1 1	1 »	» 6	» 1	» 7	» 3	» 8	» 8½	D'après Pallas.
A. SAVII	4 3	3 5	» 10	1 »	» 5	» 2 » 2¼	» 5	» 4	» 7	» 7	Diamètre du globe de l'œil, environ ¾ de ligne.
A. SUBTERRANEUS	4 4	3 4	1 »	» 11½	» 5½	» 4	» 4½	» 4	» 8	» 6½	Diamètre du globe de l'œil : ¾ de l.
A. ARVALIS	4 10	3 8½	1 1½	1 1	» 6	» 4	» 5¼	» 4½	» 8½	» 7	Diamètre du globe de l'œil : 1¼ l.
A. SOCIALIS	4 3½	3 5	» 10½	1 1	» 6	» 4½	» 5¼	» 4	» 8¼	» 7½	D'après Pallas.
A. 12 COSTATUS	4 4½	3 1½	1 3	1 »	» »	» »	» 6	» 4½	» 7½	» 7½	Sur un squelette.
A. RUTILUS	4 11½	3 7½	1 4	1 1½	» 6	» 5½	» 6	» 4	» 8	» 8½	D'après Pallas.
A. RUBIDUS	5 1	3 2	1 11	1 »	» 6	» 5	» 6	» 4½	» 9	» 8	Diamètre du globe de l'œil : 1¼ l.

Tableau de la colon

ESPÈCES.	VERTÈBRES DORSALES. Côtes vraies.	Fausses côtes.	Total.	Vertèbres lombaires	Vertèb sacrea
1. A. AMPHIBIUS	7	6	13	6	3
2. A. MONTICOLA	»	»	13?	»	»
3. A. DESTRUCTOR	7	6	13	6	3
4. A. TERRESTRIS	7	6	13	6	3
5. A. OECONOMUS	8	6	14	6	2
6. A. SAVII	7	7	14	5	3
7. A. FULVUS	»	»	14?	»	»
8. A. SUBTERRANEUS	7	6	13	6	3
9. A. ARVALIS	7	6	13	6	3
10. A. GREGALIS	7	6	13	6	3
11. A. ALLIARIUS	7	6	13	6	3
12. A. SOCIALIS	7	5	12	5	3
13. A. 12-COSTATUS	7	5	12	6	3
14. A. RUTILUS	7	6	13	6	3
15. A. RUBIDUS	7	6	13	6	2

rtébrale des Campagnols.

...ertèbres coccygiennes ou caudales.			TOTAL des sacrées et caudales réunies.	TOTAL de toute la colonne vertébrale y compris les 7 vertèbres cervicales.	Observations.
...térieures	Extérieures	Total			
4	19	23	26	52	Cuvier compte une sacrée et une caudale de plus.
»	»	»	»	»	Probablement 50 à 51 en tout, à en juger par la queue plus courte que chez l'*Amphibius* et plus longue que chez le *Terrestris*.
»	»	23	26	52	
4	16	20	23	49	
»	»	13	15	42	D'après Pallas et Vicq d'Azyr.
4	14	18	21	47	
»	»	»	»	»	Le nombre doit être très-voisin de celui de l'*A Savii* d'après les proportions extérieures.
4	15	19	22	48	
4	13	17	20	46	
»	»	14	17	43	D'après Pallas.
»	»	15	18	44	D'après Pallas.
»	»	14	17	41	D'après Pallas.
4	13	17	20	45	
»	»	16	19	45	D'après Pallas.
6	16	22	24	50	La dernière vertèbre caudale est rudimentaire.

Observation sur le tableau des dimensions.

Je dois avertir que parmi les Campagnols, les dimensions les plus propres à faciliter la détermination des espèces sont : 1° la longueur totale; 2° celle de la queue *dans sa proportion avec le corps;* 3° celle des oreilles.

Il ne faut pas perdre de vue que ces mesures ne peuvent être ni invariables, ni absolues, attendu la variation des individus, et qu'il ne faut pas attacher une grande importance aux petites anomalies que le tableau peut présenter dans la longueur de l'avant-bras, du pied antérieur, de la jambe postérieure et même de la tête.

Note sur le tableau de la colonne vertébrale.

Ici la précision est beaucoup plus grande que dans les mesures du tableau précédent. Le nombre des vertèbres (hors les cas de monstruosité qui sont très-rares) est suffisant pour s'assurer de l'identité de l'espèce. Sous le nom de vertèbres dorsales, se trouvent les côtes dont j'ai fait usage pour les diagnoses. Le nombre de celles de la queue est aussi très-important, mais comme il est très-difficile, malgré ce qu'on en peut dire, de préciser la ligne de démarcation, entre les caudales ou coccygiennes et les vertèbres sacrées, le seul moyen d'obtenir un chiffre capable d'être vérifié par tout le monde, est de réunir ensemble ces deux sortes de vertèbres : c'est ce que j'ai fait à l'une des colonnes. En un mot, les indications qui ne parlent que du nombre des vertèbres caudales, sans citer aussi celles du sacrum, me semblent de nulle valeur pour la comparaison, et encore doit-on ajouter que la dernière vertèbre de la queue peut paraître nulle à beaucoup de personnes, tant elle est petite.

Bien que je n'aie entrepris la description que des espèces européennes, j'ai cru utile, pour la comparaison, d'indiquer aussi, d'après Pallas, le nombre de vertèbres de quatre espèces voisines de Sibérie. Je soupçonne que cet auteur n'a pas compté la petite vertèbre rudimentaire qui termine la queue.

EXPLICATION DES PLANCHES.

Planche I. — *Crânes vus verticalement.*

Fig. 1. *Arvicola amphibius,* adulte, d'après un individu de Belgique.
— 2. — — jeune, id. id.
— 3. — *monticola,* adulte, d'après un individu des Pyrénées.
— 4. — *destructor,* adulte, d'après un individu de Lombardie.
— 5. — — plus jeune, copié dans la *Fauna italica* du prince de Musignano.
— 6. — *terrestris,* adulte, d'après un individu de la Suisse.

Planche II. — *Crânes vus de profil, et mâchoires inférieures vues verticalement.*

Fig. 1bis. Crâne et mâchoire inférieure de l'*Amphibius,* adulte.
— 2. Crâne de l'*Amphibius* jeune.
— 3bis. Crâne et mâchoire inférieure du *Monticola,* adulte.
— 4bis. Crâne et mâchoire inférieure du *Destructor,* adulte.
— 6bis. Crâne et mâchoire inférieure du *Terrestris,* adulte.

Nota. — On a donné à ces figures les mêmes numéros que dans la première planche, dont elles représentent les mêmes objets, vus différemment.

Planche III. — *Crânes vus verticalement et de profil.*

Fig. 1bis. *Arvicola Savii*, de Lombardie.
— 2bis. — *subterraneus*, de Belgique.
— 3bis. — *arvalis*, de Belgique.
— 4bis. — *duodecim-costatus*, des environs de Genève.
— 5bis. — *rubidus*, de Belgique.

Nota. — Dans les planches de l'ouvrage du prince Ch. Bonaparte de Musignano, la mâchoire inférieure de l'*Arvicola destructor* (sous le nom de *Terrestris*) et ses branches sont beaucoup trop rétrécies, tellement qu'elles ne peuvent s'appliquer sur l'autre partie du crâne. Par une fatalité singulière, la mâchoire que j'ai fait figurer d'après nature présente aussi de l'exagération sous ce rapport, parce que les deux branches s'étant séparées, elles n'ont pas été replacées dans leur véritable position.

CATALOGUE MÉTHODIQUE

DES

MAMMIFÈRES D'EUROPE.

J'ai expliqué dans l'avant-propos le but que je m'étais proposé en publiant un catalogue de Mammifères d'Europe. Il me reste à rendre compte des principes qui m'ont dirigé dans sa rédaction.

J'ai compris dans cet index toutes les espèces qu'on trouve à l'état sauvage dans les différentes parties de l'Europe, mais, pour le compléter, j'ai donné en appendice la liste de celles qui ont été importées par l'homme des contrées exotiques, et réduites à l'état de domesticité.

J'ai admis pour limite orientale à la zoologie européenne la chaîne des Monts Ourals, puis le cours du Jaick jusqu'à la Mer Caspienne; et pour limite méridionale de ce côté, la ligne du Caucase. Mais j'ai écarté les animaux qui paraissent ne se trouver que sur la pente asiatique de ces montagnes, comme le *Lagomys pusillus* pour l'Oural, et la *Capra caucasica* pour le Caucase, de même que les espèces de la rive orientale du Jaick, comme le *Mus subtilis*.

Ainsi que je l'ai déjà dit, je n'ai pu parler des Phoques et des Cétacés que d'après les auteurs, mais je me suis servi, pour épurer la synonymie de ces genres, de la critique donnée par Cuvier à ce sujet. Sans cela il eût fallu admettre une multitude d'espèces purement nominales. Il existe aussi, çà et là, dans les autres ordres, des espèces qui n'ont pas été revues nouvellement, et d'autres que je n'ai pas eues sous les yeux. J'ai joint aux premières l'épithète de *douteuse*, ainsi qu'à quelques autres que j'ai vues, mais dont l'existence n'est pas définitivement prouvée. De cette manière on sera sur ses gardes, soit pour les étudier de nouveau, soit pour ne les admettre qu'avec la même réserve que moi.

Pour ne pas augmenter la difficulté de l'étude, je n'ai admis que fort peu des nombreux genres proposés nouvellement, attendu que plusieurs d'entre eux n'ont aucune limite fixe, et passent insensiblement des uns aux autres, et que la plupart sont basés sur des caractères insignifians, qui n'ont pas d'influence sur le genre de vie. On trouvera cependant l'énumération des nouvelles coupes, mais seulement comme simples sections.

Pour la méthode, j'ai cru que, dans un simple catalogue, et surtout dans un catalogue borné à une sorte de faune locale, elle n'était que d'un intérêt secondaire, qu'elle ne demandait que de l'ordre et de la clarté, sans avoir à subir la rigueur d'une critique sérieuse et physiologique. J'ai suivi pour la nomenclure des ordres et des familles la classification du prince de Musignano. Seulement, à l'exemple de M. Duvernoy, j'ai rapproché les Phoques des *Lamantins* et des *Cétacés*, bien que ces animaux aient la dentition des Carnassiers, auxquels ils se lient par les Loutres. Par cette raison, j'ai placé les Pachydermes après les Ruminans, comme ayant une certaine analogie avec les Mammifères aquatiques par les Hippopotames et les *Dinotherium*. Je me suis aussi permis quelques légers changemens de détail.

Il y a lieu d'être embarrassé si l'on doit choisir entre les méthodes de Cuvier, Isid. Geoffroi-Saint-Hilaire, Duvernoy, de Blainville et Ch. Bonaparte. Toutes sont excellentes et aussi perfectionnées qu'il est possible. Cela suffit, selon moi, pour que toutes soient bonnes, car aucune ne peut faire que la création soit autre qu'elle n'est, et aucune ne peut ménager *à la fois* les différens rapports des êtres qui ne forment pas une série continue, mais au contraire un réseau, un rayonnement universel. Aussi les personnes qui ont étudié la classification des Mammifères, savent qu'il est impossible de ménager à la fois les diverses mais évidentes analogies des Phoques, des Marsupiaux, des Édentés et des Rongeurs [1].

[1] Si l'on n'avait égard qu'au facies extérieur et au genre de locomotion, qui est en rapport avec les habitudes et souvent même la nourriture, on obtiendrait une répartition des Mammifères qui renverserait tous les principes de classification rai-

sonnée, bien qu'elle ait l'air naturelle au premier abord. Ainsi on aurait des Mammifères :

1. VOLTIGEURS. (*Volitantia.*) — Les membres antérieurs plus ou moins réunis avec les postérieurs par une membrane ou extension membraneuse de la peau des flancs. Les pieds postérieurs à ongles très-acérés. Ces animaux voltigent ou sautent d'arbres en arbres.

a. **Chéiroptères :** *Vespertilio*, *Pteropus*, etc.
b. **Quadrumanes :** *Galeopithecus.*
c. **Marsupiaux :** *Petaurista.*
d. **Rongeurs :** *Pteromys.*

2. SAUTEURS. (*Saltatoria.*) — Les membres postérieurs démesurément plus longs que les antérieurs. Les yeux gros. Animaux qui s'avancent en sautant sur leurs pieds postérieurs.

a. **Quadrumanes :** *Tarsius.*
b. **Insectivores :** *Macroscelides.*
c. **Rongeurs :** *Dipus*, *Helamys.*
d. **Marsupiaux.** *Macropus*, etc.

3. ÉPINEUX. (*Spinosa.*) Le corps couvert de piquans ou d'écailles, au lieu de poils. Animaux fouisseurs qui, presque tous, se roulent en boule, à l'approche du danger.

a. **Insectivores :** *Erinaceus*, *Centetes.*
b. **Rongeurs :** *Hystrix*, *Sphiggurus*, etc.
c. **Monotrèmes :** *Echidna.*
d. **Édentés :** *Manis*, *Dasypus.*

4. FOUISSEURS. (*Fossoria.*) — Les ongles très-forts, surtout ceux de devant. Les jambes très-courtes. Les yeux très-petits ou cachés. Queue très-courte. Vivent sous terre.

a. **Insectivores :** *Talpa*, *Condylura*, *Scalops*, *Chrysochloris.*
b. **Rongeurs :** *Spalax*, *Bathyergus*, etc.
c. **Marsupiaux :** *Phascolomys.*
d. **Édentés :** *Orycteropus.*

5. AQUATIQUES. (*Aquatica.*) — Les doigts des pieds largement palmés. Le pelage imperméable. La queue écailleuse. Animaux qui nagent et plongent avec facilité.

a. **Marsupiaux :** *Chironectes*
b. **Insectivores :** *Myogalea.*

c. **Rongeurs :** *Castor, Hydromys, Ondatra*, etc.
d. **Carnassiers :** *Lutra*, etc.
e. **Pinnipèdes :** *Phoca*, etc.
f. **Monotrèmes :** *Ornithorhynchus.*

Ils conduisent aux Siréniens (*Manatus*), et aux Cétacés (*Delphinus, Balæna*, etc.)

6. GRIMPEURS. (*Scansoria.*) — Les doigts et le pouce souvent opposables, et toujours propres à grimper. Queue longue, prenante, ou garnie de longs poils distiques. Animaux grimpeurs, vivant sur les arbres.

a. **Quadrumanes :** *Cercopithecus*, etc.
b. **Carnassiers :** *Cercoleptes.*
c. **Insectivores :** *Tupaia.*
d. **Rongeurs :** *Chiromys, Sciurus, Myoxus*, etc.
e. **Marsupiaux :** *Phalangista.*
f. **Édentés :** *Bradypus, Cholepus.*

7. MURINS. (*Murina.*) — Membres égaux. Queue fine, assez longue, composée d'anneaux écailleux. Petits animaux très-agiles.

a. **Marsupiaux :** *Didelphis.*
b. **Insectivores :** *Sorex, Crocidura, Gymnura.*
c. **Rongeurs :** *Mus, Arvicola*, etc.

Plusieurs autres types existent encore, mais ils sont moins souvent reproduits dans les divers ordres des Mammifères, et d'ailleurs, mon but n'est pas d'établir une classification qui n'est qu'artificielle et rompt les analogies les plus légitimes; mais de faire voir que, dans presque tous les ordres, les organes de la locomotion, le pelage, les yeux, les oreilles, la queue, se modifient pour les mêmes causes finales et de manière à donner une apparence de grande affinité à des animaux de familles très-éloignées.

EUROPÆORUM MAMMALIUM

INDEX METHODICUS.

SECTIO. I.

MAMMALIA TERRESTRIA.

§. I. — *Unguiculata.*

ORDO I. — *PRIMATES.* L. ISID. GEOFF. CH. BONAP.

(*Bimana et Quadrumana.* Cuv.)

SECTIO I. — BIMANA. Cuv.

FAMILIA HOMINIDÆ.

GENUS HOMO. LINN., ETC.

1. SAPIENS. L. Var. *Albus.*	α. *Europæus.*	1. *Capillis flavescentibus.*	Europ. sept.
		2. *Capillis nigrescentibus*	Europ. meri.
	β. *Scythicus.*		Europ. orint.
	γ. *Indicus*		Errantes (Zingari).
Var. *Flavus.*	α. *Hyperboreus*		Lapponia.

SECTIO II. — QUADRUMANA. CUV.

FAMILIA SIMIDÆ.

GENUS SIMIA. PLIN. L.

2. { SYLVANUS. L. . . . . In rupibus Calpes (Gibraltar,) Africa.
Inuus. L.
Pithecus. Schreb. }

ORDO II. — *CHIROPTERA*. ILLIG. BLUMENB. IS. GEOFF. BONAP.

FAMILIA VESPERTILIONIDÆ.

Tribus I. — RHINOLOPHINA.

GENUS RHINOLOPHUS. GEOFFR.

1. { FERRUM EQUINUM. L. . . . . Europa (arctic. et orientalibus exclusis).
Unihastatus. Geoffr. }

2. { HIPPOCREPIS. Herm. Bonap. . . . . Gallia. Anglia. Germania.
Hipposideros. Becht.
Bihastatus. Geoffr.
Minutus. Montagu. }

3. CLIVOSUS. Cretschm. . . . . Dalmatia. Africa. Ægyptus.

GENUS NYCTERIS. GEOFFR.

4. { HISPIDUS. L. . . . . Africa. Senegal. Sicilia? (an Europ.?).
Daubentonii. Desm. }

Tribus II. — VESPERTILIONINA.

GENUS DYSOPES. ILLIG. (*MOLOSSUS*. GEOFF. *DINOPS*. SAVI).

5. { CESTONI. Savi. . . . . Italia merid. Pisæ. Sicilia. Ægyptus.
Ruppelii. Tem. }

GENUS VESPERTILIO. L.

* PLECOTUS. Geoffr.

6. { AURITUS. L. . . . . Europa.
Communis. Geoffr. }

7.	Brevimanus. Jenyns.	Anglia. Sicilia. (*Rariss*).
8.	Cornutus. Faber	Dania. (*Rariss*).

** BARBASTELLUS. Bonap.

9.	Barbastellus. Schreb. *Communis*. Gray.	Europa. Gallia. Germ. Anglia. Italia.

*** VESPERTILIO. Bonap.

10.	Bechsteinii. Leisler	German. Gallia sept. Angl.
11.	Nattereri. Kuhl.	German. occid. Gallia sept. Anglia.
12.	Murinus. L. *Myotis*. Bechst.	Europa. Gallia. Italia. Anglia. Germania.
	Var? *Submurinus*. Brehm.	Germania.
13.	Daubentonii. Leisl.	Gallia boreal. German. occident. Sicilia.
14.	Emarginatus. Geoffr.	Gallia. German. Italia.
15.	Cappaccinii. Bonap.	Sicilia.
16.	Kuhlii. Natterer.	Istria. Germania.
17.	Nilsonii. Nathusius.	Suecia.
18.	Dasycneme. Boié.	Dania. Germ. boreal.
19.	Mystacinus. Leisl.	Gallia. Germ. Dania. Angl.
	Var. *Humeralis*. Baillon	Gallia boreal. Belgium.

**** MINIOPTERUS. Bonap.

20.	Ursinii. Bonap.	Italia merid. (in montibus Apennin.)

***** PIPISTRELLUS. Bonap.

21.	Noctula. Schreb. et Auct. *Serotinus*. Geoff. *Lasiopterus*. Schreb. *Proterus*. Kuhl. *Altivolans*. White.	Gallia. Anglia. Ger. Italia sept., etc.
	Ferrugineus ? Brehm.	Germ. boreal.
22.	Serotinus. Schreb. et Auct *Noctula*. Geoffr.	Gall. Ital. Germ., etc.
23.	Leisleri. Kuhl.. *Dasycarpos*. Leisl.	Germania.
24.	Schreibersii. Natterer.	Hungaria.

25.	Pipistrellus. Schreb. . . . . *Pygmeus*. Leach. (*juvenis*.) Var. *Nigra* (*an distincta species?*) — *Rufescens*. — *Brachyotos*. Baill. (*collo super. nigro*).	Europa centr. Gallia. Germania. Anglia. Abbavilla (*semel*).
26.	Vispistrellus. Bonap.	Italia.
27.	Discolor. Natter.	Austria. Helvetia. Dania. Succia.
28.	Savii. Bonap.	Italia. Sicilia.
29.	Leucippe. Bonap.	Sicilia.
30.	Alcythoe. Bonap.	Sicilia.
31.	Aristippe. Bonap.	Sicilia.

****** ATALAPHA. Raffinesq.

32.	Sicula. Raffin. (*Spec. dubia*).	Sicilia.

Incertæ sedis.

33.	Lymnophilus. Tem.	Batavia.
34.	Stenotus. Brehm.	Germania.
35.	Okenii. Brehm.	Germania.
36.	Wiedii. Brehm. (*Spec. dubia*)	Germania.
37.	Schinzii. Brehm. (*Spec. valdè dubia*). . .	Germania.
38.	Collaris. Meisner. Schinz. (*Spec. valdè dubia*).	Mons albus.

N. B. Nova Chiroptera nondùm descripta detexit in Sardinia celeb. prof. Genè, an. 1838.

Ordo III. — *BESTIÆ*. Lin. (*Syst. nat.* 10.) Fisch. Bonap.

(*Feræ insectivoræ*. Cuv.)

FAMILIA I. — *TALPIDÆ*.

GENUS TALPA.

1.	Europæa L. . . . . Var. *Alba*. — *Maculata*. — *Flavescens*. — *Grisea*.	Europa temperata et septentr. Italia superior.
2.	Cæca. Savi	Italia, media et inferior. Græcia. Galloprovincia.

FAMILIA II. — *SORICIDÆ.*

GENUS MYOGALEA. Fisch. (*MYGALE.* Cuv.)

* MYGALE. Geoffr.

3.	Moschata. Fisch. . . . . *Castor moschatus.* L. *Moscovita.* Desm.	Inter Volgam et Tanaim flum. Lapponia orient. ? Sibiria.

* GALEMYS. Wagl. (*Mygalina.* Geoffr.)

4.	Pyrenaica. Geoff.	Montes Pyrenæi.

GENUS SOREX. L. Nobis.

* SOREX. Wagl. (*Amphisorex.* Duvern.)

5.	Tetragonorus. Herm. Duv. . . . . *Vulgaris.* Lin. Nath. *Araneus.* Lin. *Constrictus.* Geoffr. *Melanodon concinnus* et *rhinolophus.* Wagl. *Hermanii.* Holandre. Var. *Alba.*	Europa. Gallia. Anglia. Suecia. German. Ital.
	— *Castaneus.* Jenyns. (*An distinct. spec.?*)	Anglia.
6.	Labiosus. Jenyns. (*Spec. dubia*). . . . . *Cunicularius?* Beichst.	German. occid. Francof.
7.	Rusticus. Jenyns. (*Spec. dubia.*) . . . . *Tetragonorus?* Geoffr.	Anglia. Belgium ?
	Var.? *Hibernicus.* Jenyns.	Hibernia (*semel.*)
8.	Pygmeus. Laxmann . . . . *Minutus.* L. *Minutissimus.* Zimmerm. *Minimus.* Geoff. *Exilis.* Gm. *Cæcutiens.* Laxm. *Pumilio.* Wagl.	Russia centralis. Germania. Borussia Sibiria.
9.	*Alpinus.* Schinz.	Alpes. Mons Adula. (St-Gothard.)

* CROSSOPUS. Wagl. (*Hydrosorex*. Duvern.)

10.	FODIENS. Pall.	Europa (arctica et callida exclus.) Gallia. Anglia Germania. Russia.
	Daubentonii. Erxleb.	
	Hydrophilus. Pall.	
	Bicolor. Shaw.	
	Fluviatilis. Beichst.	
	Stagnalis et *rivalis*. Brehm.	
	Musculus et *Psilurus*. Wagl.	
	Constrictus. Herm.	
	Hermannii. Duver.	
	Pennantii. Gray.	
	Var. MAJOR.	Germania. Dania. Bothnia.
	Var. *Macrourus*. Lehmann.	
	Var. *Carinatus*. Herm.	
	Var. *Linneana*. Gray.	
	Var. *Natans*. Brehm.	
	Var. *Nigripes*. Melchior.	
	Var. *Leucotis*.	
11.	CILIATUS. Sowerby. (*Spec. dubia.*) . . .	Gallia septentr. Anglia. Germania occid.
	Remifer. Geoffr.	
	Amphibius? Brehm.	
	Collaris. Geoffr.	
	Unicolor. Shaw.	
	Fodiens. Var. Nath. Blainv.	
	Var. *Albiventris*.	
	— *Absque maculâ auris*.	
	— *Lineatus*. Geoffr.	Lutetia (*semel*).

GENUS CROCIDURA. WAGL.

* PACHYURA. Nob.

12.	ETRUSCA. Bonap.	Italia merid. Etruria. Ager romanus, etc.
	Sorex etruscus. Savi.	

** CROCIDURA. Wagl. (*Sorex*. Duv.)

ARANEA. Nob.	Europa centralis et merid. Gallia. Germania. Italia.
Sorex araneus. Schreb.	

13. *Russulus*. Zimm.
Pachyurus. Kuster.
Poliogastra, *major*, *fimbriata et moschata*. Wagl.
Inodorus. Savi.
Var. *Rufa*. Wagl.
— *Alba*.

14. LEUCODON. Herm. . . . . German. occid. Gallia borealis. Lotharingia.

FAMILIA III. — *ERINACEIDÆ*.

GENUS ERINACEUS. L.

15. EUROPÆUS. L. . . . . Europa.
Caninus et suillus. Geoff.

16. AURITUS. Pall. . . . . Russia merid. ad flum. Volgam et Ural.

ORDO IV. — *FERÆ*. L. Cuv., etc.

FAMILIA I. — *URSIDÆ*.

Tribus I. — URSINA.

GENUS URSUS. L.

1. ARCTOS L. . . . . In montibus et sylvis Europæ. Alpes. Russia. Suecia.
Var. *Albus*.
Var.? *Pyrenaicus*. Fr. Cuv. . . . . . . Montes Pyrenæi. Hispania.
Norvegicus. Fr. Cuv . . . . Norvegia.

2. NIGER. Cuv. Fisch. . . . . In Europa boreali?

** THALARCTOS. Gray.

3. MARITIMUS L. . . . . Islandia. Spitzberg. Lapponia (*rarior*).
Polaris. Shaw.

Tribus II. — MELINA.

GENUS MELES.

4. TAXUS. Schreb. . . . . Europ.
Ursus meles. L.
Vulgaris. Desm.

GENUS GULO. Storr.

5.	Articus. Desm. . . . . *Urs. gulo*. Auct.	Europa artica. Lapponia. Norvegia.

FAMILIA II. — *FELIDÆ*.

Tribus I. — Viverrina.

GENUS VIVERRA. L.

6.	Genetta. L. . . . . *Vulgaris*. Less.	Hispania. Gall. merid. occi.

Tribus II. — Canina.

GENUS CANIS. L.

* canis. Auct.

7.	Lupus. L. . . . . Var. *Niger*. — *Canus*. — *Fulvus*.	Europa (in Britannia extinctus).
8.	Lycaon. Schreb. . . . . *Lupus*. Var. *Niger*. Herm.	Montes Pyrenæi.
9.	Aureus. L.	Græcia. Caucas. Russ. mer.

** vulpes. Auct.

10.	Corsac. L.	Inter Volgam et Mare Caspium.
11.	Vulpes. L. . . . . Var. *Albus*. — *Crucigera*. Briss. . . . . Var. ? *Alopex*. L.	Europ. (Italia merid. excl.) Europ. boreal. Europa centralis.
12.	Melanogaster. Bonap.	Italia. merid. Etruria.
13.	Lagopus. L. . . . . Var. *Fuscus*. — *Cærulescens*.	Europa arctica. Lapponia.

Tribus III. — Felina.

GENUS FELIS. L.

* LYNX.

14.	Pardina. Oken	Europ. calida. Turcia. Sicilia. Sardinia. Lusitan.
15.	Lynx. L.	Europ. central. Helvetia. Germania. Pyrenæi.
16.	Cervaria. Tem.	Russia sept. Sibiria.
	Catus cervarius. Briss.	
17.	Borealis. *Thunb*. Tem.	Succia. Lapponia.

** CATUS.

18.	Catus. L.	Europ. central et austral. Gallia. Germania.

Tribus IV. — Mustelina.

GENUS MUSTELA. L.

* MARTES. Cuv.

19.	Martes. L.	In sylvis Europæ.
20.	Foina. L.	Europa.
21.	Zibellina. L.	Europa arctica. Lapponia.
	Var. *Alba*.	
	— *Flavicans*.	

** PUTORIUS. Cuv.

22.	Putorius. L.	Europ. temperata et merid.
	Var. *Alba*.	
	— *Flavicans*.	
	Var. ? *Vison*. (Mustela Vison falsa). . . .	Gallia occident. maritim.
23.	Furo L.	Africa. an Europ.? Hispania merid.
	Var. *Fusca*.	
24.	Sarmatica. Pall.	Polonia merid., inter Volgam et Tanaim.
	Præcincta. Rzacz.	

25.	Lutreola. L. . . . . *Vison*. Shaw. *Minor*. Erxleb. Var. *Alba*.	Europ. borealis. Russia. Succia. German. orient.
26.	Erminea. L.	Europ. boreal. et temperat. (a Lapponia ad Alpes.)
27.	Boccamela. Cetti. . . . . *Ictis*. Arist.	Sardinia.
28.	Vulgaris L. . . . . *Gale*. Pall.	Europ.
29.	Nivalis. L. (*Spec. dubia*). . . . . . . *Vulgaris*. Var. Auct. *Gale*. Var. *Hyemalis*. Pall.	Europa artica. Succia. Russia. Sibiria.

GENUS LUTRA. Erxl.

30.	Vulgaris. Erxl. . . . . *Mustela lutra*. L.	In aquis dulcibus Europæ.

Ordo V. — *GLIRES*. L. Cuv. Bonap.

Sectio I. — CLAVICULATI.

FAMILIA I. — *CASTORIDÆ*.

Tribus I. — Castorina.

GENUS CASTOR. L.

1.	Fiber. L.	In fluminibus Europ. arcticæ. Flum. Dwina. Elb. Rhodanum.

Tribus II. — Arvicolina.

GENUS ARVICOLA. Lacép.

* hemiotomys. Nob.

2.	Destructor. Savi . . . . *Musignani*. De Selys. *Terrestris*. Bonap.	Italia.

3.	AMPHIBIUS. L.	Europa (Italia et Alpib. exclus.)
	Aquaticus. Fr. Cuv.	
	Var. *Albus*.	
	— *Ater*. Mac Gillivray	Anglia.
	Var.? { *Italicus*. Savi.	Italia.
	{ *Pertinax*. Savi.	
	Var.? *Paludosus*. L.	Suecia?
4.	MONTICOLA. De Selys	Montes Pyrenæi.
5.	TERRESTRIS. L.	Helvetia. Germania occid. Suecia??
	Argentoratensis. Desm.	
	Paludosus. Desmoulins.	
	Var. *Albus*.	
	— *Niger*.	
	— *Maculatus*.	

** MICROTUS.

6.	FULVUS. Geoffr. De Selys	Belgium. Gallia orientalis (*rarior*.)
7.	SAVII. De Selys	Italia.
	Arvalis. Bonap.	
	Var. *Albus*.	
	— *Albomaculatus*.	

*** ARVICOLA.

8.	SUBTERRANEUS. De Selys.	Belgium. Gallia boreal.
	Pratensis. Baillon.	
	Œconomus. Bosc.	
	Agrestis? L.	
9.	ARVALIS. Gm.	Europa (Italia exclusa.)
	Agrestis. Fleming.	
	Vulgaris. Desm.	
	Œconomus. Millet.	
	Var. *Albus*.	
	— *Maculatus*.	
	— *Ater*.	
10.	SOCIALIS. Pall.	Desertum inter Volgam et Jaickum.
	Gregarius? L.	
11.	DUODECIMCOSTATUS. De Selys	Gallia meridion. Helvetia? Monspessulum.

**** MYODES.

12.	Rubidus. Baill. . . . . *Glareolus*. Schreb. *Fulvus*. Millet. *Riparia*. Yarrel. *Hercynicus*. Mehlis. Schrebers. *Rufescens*. De Selys.	Europa (arctica et calida exclusis). Gallia. Anglia. Dania. Germania. Russia.

GENUS LEMMUS. Fréd. Cuv.

* HYPUDÆUS. Illig.

13.	Lagurus. Pall.	Russia orien. Lappon. rossica. Ad fluv. Jaick.

** GEORYCHUS. Illig.

14.	Torquatus. Pall.	Circa Mare Album.
15.	Norvegicus. Desm. Briss. . . . . *Mus lemmus*. L.	In mont. Norv. Lapponiæ.
16.	Migratorius. Licht. . . . . *Obensis*. Brants.	Lapponia rossica.

FAMILIA II. — *MURIDÆ*.

Tribus I.—Spalacina.

GENUS SPALAX. Pall.

*

17.	Murinus. Pall. Zoogr. ross. . . . . . . *Talpinus*. Gm. (*nec* Pall.). Var. *Ater*.	Russia temperata. Ad Fluv. Ural, etc.

**

18.	Typhlus. Pall.	Polonia. Hungaria. Græcia. Russia merid.

Tribus II. — Dipodina.

GENUS DIPUS. Gm.

19.	Sagitta. Pall.	Russia mer. Ad Volgam fl.

20. JACULUS. Pall. . . . . Russia mer. Inter Tanaim et Jaïckum. fl.

21. { ACONTION. Pall. . . . . Russia merid. Ad Volgam
Minutus. Blainv. et Jaïckum infer.
Pygmeus. Licht. }

GENUS GERBILLUS. DESM.

22. LONGIPES. L. Schreb. . . . . Inter Volgam et Ural.

Tribus III. — ARCTOMYDINA.

GENUS ARCTOMYS. GM.

23. { MARMOTA. L. . . . . Alpes Helvetiæ, Hispan.,
Alpina. Blumenb. } Ital. et Germ. merid.

24. { BOBAC. Schreb. . . . . Montes Polon. et Russia.
Mus arctomys. Pall. }

GENUS SPERMOPHILUS. FR. CUV.

25. { CITELLUS. L. . . . . Bohemia. Austria. Polon.
Concolor. Tem. } Hungaria. Russia merid.

26. { UNDULATUS. Tem. . . . . Russia meridion. Casan.
Citellus. Var. *Auct*. }

27. { GUTTATUS. Tem. . . . . Russia merid. Ad Tanaim
Citellus. Var. *Auct*. } et Volgam.

Tribus IV. — SCIURINA.

GENUS TAMIA. ILLIG.

28. { STRIATA. Less. . . . . Europ. arctica orientalis.
Sciurus striatus. L. } Russia ad flum. Dunam.

GENUS SCIURUS. L.

29. { VULGARIS. L. . . . . In sylvis Europæ temperatæ. Gallia. Germania.
Var. *Albus*.
— *Albicaudus*.
— *Cinereo-ater*.
— *Griseus* (Hyeme). . . . . Lapponia. Sibiria. }

30.	ALPINUS. F. Cuv. (*Spec. dubia*) . . . . . . *Vulgaris*. Var. *Niger*. Auct.	Alpes Helvetiæ. Montes Pyrenæi.

GENUS PTEROMYS. Cuv.

31	VOLANS. L. . . . . *Sibiricus*. Desm.	Lithuania. Livonia. Lapponia. Russia arctica.

GENUS MYOXUS. Schreb.

32.	GLIS. L.	Europ. meridion. et temperata. Gallia. Italia.
33.	DRYAS. Schreb. (*Spec. dubia*)	Ad Volgam et in Georgia.
34.	NITELA. L.	Europ. temperata. Gallia. Germania. Italia, etc.
35.	AVELLANARIUS. L. *Muscardinus*. Schreb	Europa.

Tribus V. — MURINA.

GENUS MUS. L.

* MUSCULUS. Raffin.

36.	FRUGIVORUS. Raffin . . . . *Myoxus siculæ*. Less.	Sicilia.
37.	DICHRURUS. Raffin	Sicilia.

* MUS.

38.	DECUMANUS. Pall. . . . . *Norvegicus*. Erxl. *Sylvestris*. Briss. Var. *Albus*. — *Albidus*. — *Cinnamomeus*. — *Griseus*. — *Maculatus*.	Europa et orb. fere totus.
39.	ALEXANDRINUS. Geoffr. . . . . *Tectorum*. Savi. Var. *Fuliginosus*. Bonap. — *Albus*.	Italia mediterranea. Romæ. Sardinia. Ægyptus.

40.	RATTUS. L.	Europa. (Exclus. Italia merid.) (In Anglia extinctus)
	Var. *Albus.*	
	— *Ater.*	
	— *Maculatus.*	
	— *Isabellinus.*	
41.	HIBERNICUS. Thompson. (*Spec. dubia*)	Hibernia.
42.	MUSCULUS. L.	Europa et orbis ferè totus.
	Var. *Rufescens.*	
	— *Albus.*	
	— *Maculatus.*	
43.	ISLANDICUS. Thienem	Islandia.
44.	SYLVATICUS. L	Europa.
	Var. *Albus.*	
	— *Isabellinus.*	
	— *Cinereus.*	
	— *Minor.*	
45.	AGRARIUS. Pall	German. boreal. Polonia. Russia.
	Rubeus. Schwenc.	
46.	MINUTUS. Pall.	Gallia. Britannia. Germania. Russia.
	Soricinus. Herm.	
	Pendulinus. Herm.	
	Parvulus. Herm.	
	Messorius. Shaw.	
	Campestris. Fr. Cuv.	
	Avenarius. Wolf.	
	Var. *Albo-flavescens.*	

GENUS CRICETUS. Cuv.

47.	FRUMENTARIUS. Schwenckf.	Europa temperata oriental. Germania. Russia.
	Vulgaris. Desm.	
	Var. *Niger.* Schreb	In montibus Uralensibus. Germania (*rarior*).
48.	ACCEDULA. Pall	Russia merid. inter. Jaicum et Volgam.
	Migratorius. Erxleb.	
49.	ARENARIUS. Pall.	Tauria. Sibiria.
50.	PHÆUS. Pall.	In australioribus Volgæ.

Sectio II. — INCLAVICULATI.

FAMILIA HYSTRICIDÆ.

GENUS HYSTRIX.

51.	Cristata L	Hispania. Sicilia. Neapolis.
	Var. *Alba*.	Tauria.

FAMILIA LEPORIDÆ.

GENUS LEPUS.

52.	Variabilis. Pall	Europ. borealis. Alpes.
53.	Hybridus. Pall	In desertis Russ. merid.
54.	Hibernicus. Thompson.	Hibernia.
55.	Timidus. L	Europ. (arcticis et alpestribus exclus.)
	Var. *Albus*.	
56.	Cuniculus. L.	Europ. temperata et calida.
	Var. *Albus*.	
	— *Niger*, etc.	

═

§ II. *Ungulata.*

—

Ordo VI. — *PECORA*. L.

FAMILIA BOVIDÆ.

Tribus I. — Bovina.

GENUS BOS. L.

1.	Urus. L.	Lithuan. Montes Carpatici.
	Bonasus. Plin.	Caucas.
	Bison. Hamilt. Smith.	

2.	TAURUS. L.	Olim in sylvis Europæ nunc extinctus.
	Var. *Sylvestris* (*ater*.) *Urus*. Hamilt. Smith.	Id.
	— *Scoticus* (*albus*.) Id. Id.	Olim. in Scotia, nunc ferè extinctus. Habitat Chillingham park (comitatus Northumberland) et in altris villis britannicis.

GENUS CAPRA. L.

* OVIS. L.

3.	MUSIMON. Pall.	Corsica. Sardinia. Archipelag. Hispan. merid.

** CAPRA. L.

4.	IBEX. L.	Alpes Helvetiæ. Montes Carpatici, etc.
5.	PYRENAÏCA. Schinz. *In litteris*	Montes Pyrenæi.
6.	ŒGAGRUS. Gm.	Caucas. in Alpibus. ? ? (an Europ. ?)

N. B. An Europ. ? *Capra caucasica*, in summ. Caucasi

Tribus II. — ANTILOPINA.

GENUS ANTILOPE. PALL.

* RUPICAPRA. Blainv.

7.	RUPICAPRA L.	Alpes. Europ. Helvetia. Pyrenæi, etc.

** ANTILOPE. Blainv.

8.	SAIGA. Pall.	Russia merid. inter flum. Tanaïm. et Borysthenum.

FAMILIA CERVIDÆ.

GENUS CERVUS. L.

9.	ALCES. L.	Europa arctica. Lapponia.
	Var. *Corsicanus*.	Corsica.
	— *Hippelaphus*	Germania.

10. Tarandus. L. . . . . Lapponia. Islandia.

11. Dama. L. . . . . Europ. Anglia. Italia. Ger.
Var. *Albus.*
Var. ? *Mauricus.* F. Cuv. (*An distincta spec.?*) Dania. Norvegia.

12. Capreolus. L. . . . . Europ. (arcticis exclus.)

13. Pygargus. Pall. . . . . Russia merid. orient., inter Volgam et Jaïck. fluv. Asia occident.

Ordo VII — *BELLUÆ.* L.

FAMILIA SUIDÆ.

GENUS SUS. L.

1. Scrofa. L. Var. *Aper.* . . . . Europ. temper. et austral. (in Britannia extinctus).

SECTIO. II.

MAMMALIA AQUATICA.

Ordo 8. — *PINNIPEDIA.* Illig. Bonap.

(*Feræ amphibiæ.* Cuv.)

FAMILIA I. — *PHOCIDÆ.*

GENUS PHOCA. L.

1. Vitulina. L . . . . Ad littora Oceani septentr.
Var. *Alba.* Galliæ. Germaniæ, etc.
Var. ? *Canina.* . . . . Mare Caspium.

2. Annellata. Nils . . . . Sueciæ littora.

3. Hispida. Schreb. . . . . Mare Balticum
Scopulicola? Thienem. . . . . Islandiæ littora.

4.	OCEANICA. Lepech . . . . *Groenlandica?* Müll.	Ocean. arctic. Groenlandia. Mare album.
5.	DISCOLOR. F. Cuv.	Galliæ boreal. littora.
6.	LEPORINA. Lepech	Ocean. sept. Mare Balticum. Galliæ borealis littora.
7.	LEUCOPLA. Thienem	Ad oras Islandiæ.
8.	BARBATA. Fabr	Ocean. glacial.

GENUS PELAGIUS. FRÉD. CUV.

9.	MONACHUS. Herm.	Mare Adriaticum et mare Nigrum. Archipelag.

FAMILIA II. — *TRICHECHIDÆ*.

GENUS TRICHECHUS. L.

10.	ROSMARUS. L	Ocean. Glacialis, ad oras Islandiæ, Novæ-Zemblæ, Lapponiæ.

ORDO 9. — *CETE*. L.

FAMILIA I. — *DELPHINIDÆ*.

Tribus I. — DELPHININA.

GENUS DELPHINUS. L.

*

1.	DELPHIS. L.	Maria Europæ.
2.	TURSIO. Fabr.	Mare Mediterr. Ocean. sept

** DELPHINORHYNCHUS. Blainv.

3.	BREDANENSIS. Cuv. Fisch	Ad oras Bataviæ

*** OXYPTERUS. Raffin.

4.	MONGITORI. Raff. (*Spec. dubia*)	Ad oras Siciliæ.

GENUS PHOCÆNA. Cuv.

*

5. { Communis. Less . . . . In maribus septentrion. et
   Delph. phocæna. L. in fluminibus adjacent

6. { Orca. L . . . . Ocean. septentr.
   Gladiator. Lacép.

7. { Aries. Risso . . . . Mare Mediterraneum.
   Griseus. Cuv. ?

8. { Globiceps. Cuv. . . . . Ocean. septentr.
   Deductor. Scoresby.

GENUS DELPHINAPTERUS. Lacép.

9. { Leucas. Gm. . . . . Ocean sept.
   Albicans. Fabr.

GENUS HETERODON. Blainv.

* hyperoodon. Lacép.

10. { Hyperoodon. Lacép. . . . . Ocean. sept.
   Balæna rostrata. Chemnitz.
   Edentulus. Schreb.
   Bidentatus. Desm.
   Hunteri. Desm.
   Diodon. Gerard.
   Sowerbensis et *Chemnitzianum*. Blainv.
   Dalei. Fisch.

** epiodon. Raff.

11. { Epiodon. Desm . . . . Ad oras. Siciliæ.
   Urganantus. Raff.

Tribus II. — Monodontina.

GENUS MONODON. L.

12. { Monoceros. L. . . . . Ocean. Glacialis.
   Microcephalus et *andersonianus*. Lacép.

FAMILIA II. — *BALÆNIDÆ.*

Tribus I. — Physeterina.

GENUS PHYSETER. L.

* catodon. Lacép.

13. Macrocephalus. L . . . . Ocean. septentr. Mare Mediterr. et Adriaticum.
Tumpo. Bonnaterre.
Catodon. Lin.

** physeter. Lacép.

14. Tursio. L. . . . . Ocean. septentr. Mare Mediterr.
Orthodon. Lacép.

15. Microps. L. (*Spec. dubia*) . . . . Ocean. Glacialis.

Tribus II. — Balænina.

GENUS BALÆNA. L.

16. Misticetus. L. . . . . Ocean. Glacialis.
Glacialis. Bonnat.

GENUS BALÆNOPTERA. Lacép.

17. Boops. L. . . . . Ocean. Glacialis et Sept. Ad oras Hispaniæ borealis et Bataviæ.
Jubartes. Lacép.

18. Physalus. L. (*Spec. dubia*) . . . . . . Ocean. Sept. et oræ Hispan.
Gibbar. Lacép.

19. Musculus. L. . . . . Mare Mediterraneum.

PRECEDENTI CATALOGO

APPENDIX.

MAMMALIA DOMESTICA.

1.	CANIS FAMILIARIS. L (*Patria ignota.*)	Hospitatur ubique. Animal hybridum?
2.	FELIS DOMESTICA. Briss.	Ubique in domibus, hybridus ex F. Cato, L. et F. Maniculata. Rüpp.
3.	MUSTELA FURO. L.	In domibus. Patria : Africa.
4.	CAVIA COBAYA. L.	In domibus. Patria : Brasilia.
5.	BOS TAURUS. L.	Ubique (terris arcticis exclusis.) Patria : Europa.
6.	BOS BUBALUS. L.	Paludes romani, neapolitani, græci. Patr. Asia.
7.	CAPRA ARIES. L.	Ubique. Animal hybridum ex C. musimone et C. amone?
8.	CAPRA HIRCUS. L.	Ubique, præcipue in montosis. Hybridus ex C. ægagro, Ibice, etc.
9.	CERVUS TARANDUS. L.	In Lapponiæ montibus. Patria. Lapponia.
10.	CAMELUS BACTRIANUS. L.	In campis Tauriæ. Patria Asia centralis.

11.	CAMELUS DROMEDARIUS. L. Var. *Vulgaris* . .	In campis sabulosis et maritimis Etruriæ. Patria : Arabia.
12.	EQUUS CABALLUS. L.	Ubique. Patria: deserta Asiæ occid.)
13.	EQUUS ASINUS. L.	Ubique (terris glacialibus exclusis). Patria : Asia.

RECAPITULATIO.

ORDO 1. PRIMATES	2
— 2. CHIROPTERA	38
— 3. BESTIÆ	16
— 4. FERÆ	31
— 5. GLIRES	56
— 6. PECORA	15
— 7. BELLUÆ	1
— 8. PINNIPEDIA	10
— 9. CETE	19
	188
Species exoticæ mansuefactæ	8
	196

FIN.

ADDITIONS ET CORRECTIONS.

Pag. 21 *et* 46. — MUSARAIGNE DES ALPES.

Ayant reçu de M. Schinz deux individus de son *Sorex alpinus*, je puis maintenant donner plus exactement les dimensions de cette espèce. Je trouve sur l'exemplaire qui est conservé entier dans l'alcool :

Longueur totale	5p.	2l.
Corps.	2	$7\frac{1}{2}$
Queue	2	$6\frac{1}{2}$
Tête	»	11
Oreilles	»	$1\frac{1}{3}$
Avant-bras	»	5
Pied antérieur	»	$3\frac{1}{2}$
Jambe postérieure	»	$8\frac{1}{2}$
Pieds postérieur	»	6
Du museau au coin postérieur de l'œil.	»	$5\frac{1}{3}$

Les ongles sont assez grands, blancs, courbés, surtout aux pieds de devant. Les yeux encore plus petits que dans les autres espèces. Les bords de la lèvre supérieure blancs ou blanchâtres. La queue, qui est arrondie, est subitement atténuée à l'extrémité qui est garnie d'un long pinceau. Les pieds sont couverts de poils courts, blanchâtres. Le museau est large et court. La queue est plus fortement bicolore que chez aucune autre espèce. (Voyez pour le reste la description pag. 21.)

Page 124. CAMPAGNOL SHERMAUS.

Additions aux dimensions données au tableau.

Sur cinq nouveaux exemplaires conservés dans l'alcool, j'ai trouvé que la longueur totale du plus grand individu, qui est un mâle, est de 8 pouces, le corps ayant 5 pouces 7 lignes et la queue 2 pouces 5 lignes.

La longueur des autres individus est un peu moindre; l'un d'eux, qui est une femelle, a 7 pouces 7 lignes (corps 5 pouces 2 lignes; queue 2 pouces 5 lignes). D'après la comparaison de tous ces Schermaus, on doit être certain que les dimensions proportionnelles que je donne ici sont celles de la plupart des exemplaires adultes.

Page 124. CAMPAGNOL AMPHIBIE.

Un individu mâle, mesuré par Daubenton, avait jusqu'à 11 pouces 6 lignes (le corps 7 pouces et la queue 4 pouces 6 lignes, la tête avait 1 pouce 6 lignes). D'autres auteurs ont indiqué des exemplaires de 10 à 11 pouces; mais les dimensions ordinaires ne dépassent pas celles que j'ai données au tableau.

Dans plusieurs endroits au lieu de *Bechtein*, lisez . *Bechstein*.

Le *Sorex araneus* des auteurs, cité comme terme de comparaison dans les diagnoses du genre Musaraigne, est notre *Crocidura aranea*.

Page 3, *pepistrellus*, lisez : *pipistrellus*.
— 17, *fodicus*, lisez · *fodiens*.
— 30. *Ramifer* et *Amphibuis*, lisez : *Remifer* et *Amphibius*.
— 40, CARRELFT, lisez CARRELET.

ABRÉVIATIONS.

Nota. Je n'ai cité avec détail que les ouvrages où se trouvent le plus de documens sur les petits Mammifères.

BECHST.	*Bechstein.*
BLAINV.	*De Blainville.*—Ses différens ouvrages, et notamment son Mémoire sur l'ancienneté des Mammifères insectivores à la surface de la terre, dans les *Annales françaises et étrangères d'anatomie et de physiologie.*
BLUMENB.	*Blumenbach.*
BRANTS.	*Brants.* — *Het geslacht der Muizen,* door Linnæus, opgesteld volgens de tegenwoordige toestand der wetenschap in familien, geslachten, en soorten, verdeeld door A. Brants. Berl., 1827.
BONAP.	*Charles-Lucien Bonaparte,* prince de Musignano. — *Iconographia della Fauna italica.* Rome, 1833 à 1850, 25 livraisons in-4°.
BRISS.	*Brisson.*
BUFF.	*Buffon.* — Édition de Sonnini.
CUV.	*Georges Cuvier.* — *Règne animal,* 2e édition, in-8°. — Aussi ses autres ouvrages, surtout les *Recherches sur les ossemens fossiles.*
FR. CUV.	*Frédéric Cuvier.* — *Histoire naturelle des Mammifères,* avec figures, publiée conjointement avec M. Geoffroy-St-Hilaire, et aussi son ouvrage sur les dents des Mammifères.
DESM.	*Desmarest.* — *Mammalogie,* faisant partie de l'*Encyclopédie méthodique.* Paris, 1822, in-4°.
ERXL.	*Erxleben.* — *Systema regni animalis.*
FABR.	*Otho Fabricius.* — *Fauna groenlandica.*
FISCH.	*J.-B. Fischer.* — *Synopsis mammalium.* Stuttgardt, 1830, in-8°.
IS. GEOFFR.	*Isidore Geoffroy-St-Hilaire.* } Je cite principalement leur travaux sur les Musaraignes dans les *Annales du muséum de Paris* et dans le *Dictionnaire classique d'hist. nat.*
GEOFF.	*Geoffroy-St-Hilaire,* père. }

Gm. *J.-F. Gmelin.* — 13e édition du *Systema naturæ* de Linné.

Illig. *Illiger.* — *Prodromus*, 1811.

Lacép. *Lacépède.* — *Histoire naturelle des Cétacés*, 1804.

Laxm. *Laxmann.*

Less. *Lesson.* — *Manuel de mammalogie.* Paris. Roret, 1827, in-18.

L. et Linn. *Linné.* — *Fauna suecica; Systema naturæ*, 12e édition, etc.

Pall. *Pallas.* — *Novæ species quadrupedum e Glirium ordine*, 1786. Erlang. (Ouvrage épuisé.)

Pallas. — *Zoographia rossica*, 1811. — Id. Reisen, etc.

Rupp. *Rüppel.* — Son voyage dans le nord de l'Afrique, etc. Francfort, 1827, sqq.

Nath. *Hermann Nathusius.*—Partie historique concernant les Musaraignes dans le journal allemand du prof. Wiegmann, intitulé : *Archiv. für Naturgeschichte*, n° 1, janvier 1838.

Savi. *Paolo Savi.* — Divers mémoires dans le *Giornal de' letterati*, publiés à Pise, de 1825 à 1839.

Schreb. *Schrebers.* — *Die Saugthiere*, etc.

Temm. *Temminck.* — *Monographies de mammalogie*, etc. Paris, in-4°.

Vicq d'Azyr. — *Système anatomique des animaux*, faisant partie de l'*Encyclopédie méthod.*, 1792, in-4°.

Zimm. *Zimmermann.*

TABLE DES MATIÈRES.

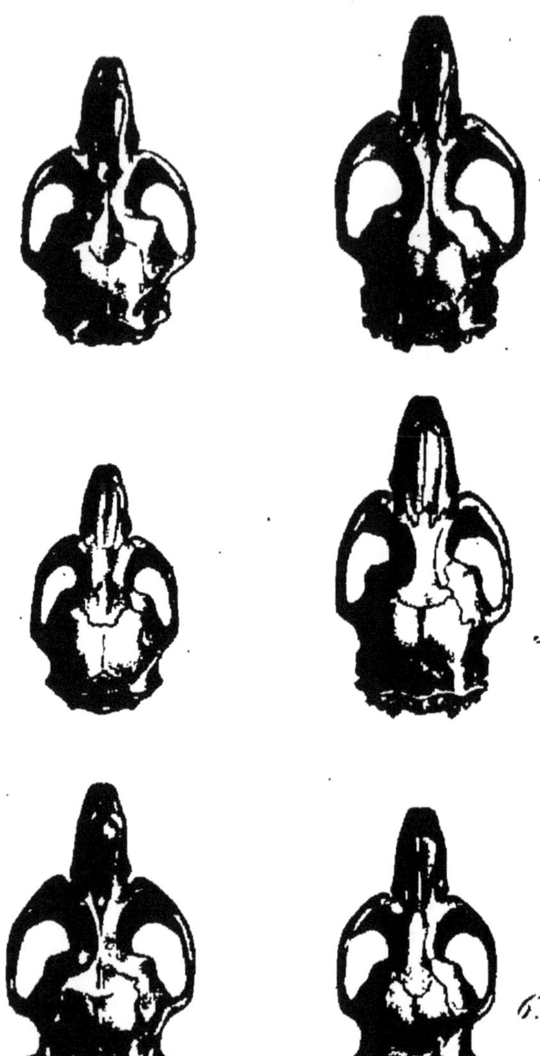

1. Arvicola Amphibius. *Adult.*	4. Arvicola Destructor. *Adult.*
2. id. id. *Juvenis.*	5. id. id. *Junior.*
3. id. Monticola *Adult.*	6. id. Terrestris. *Adulte.*

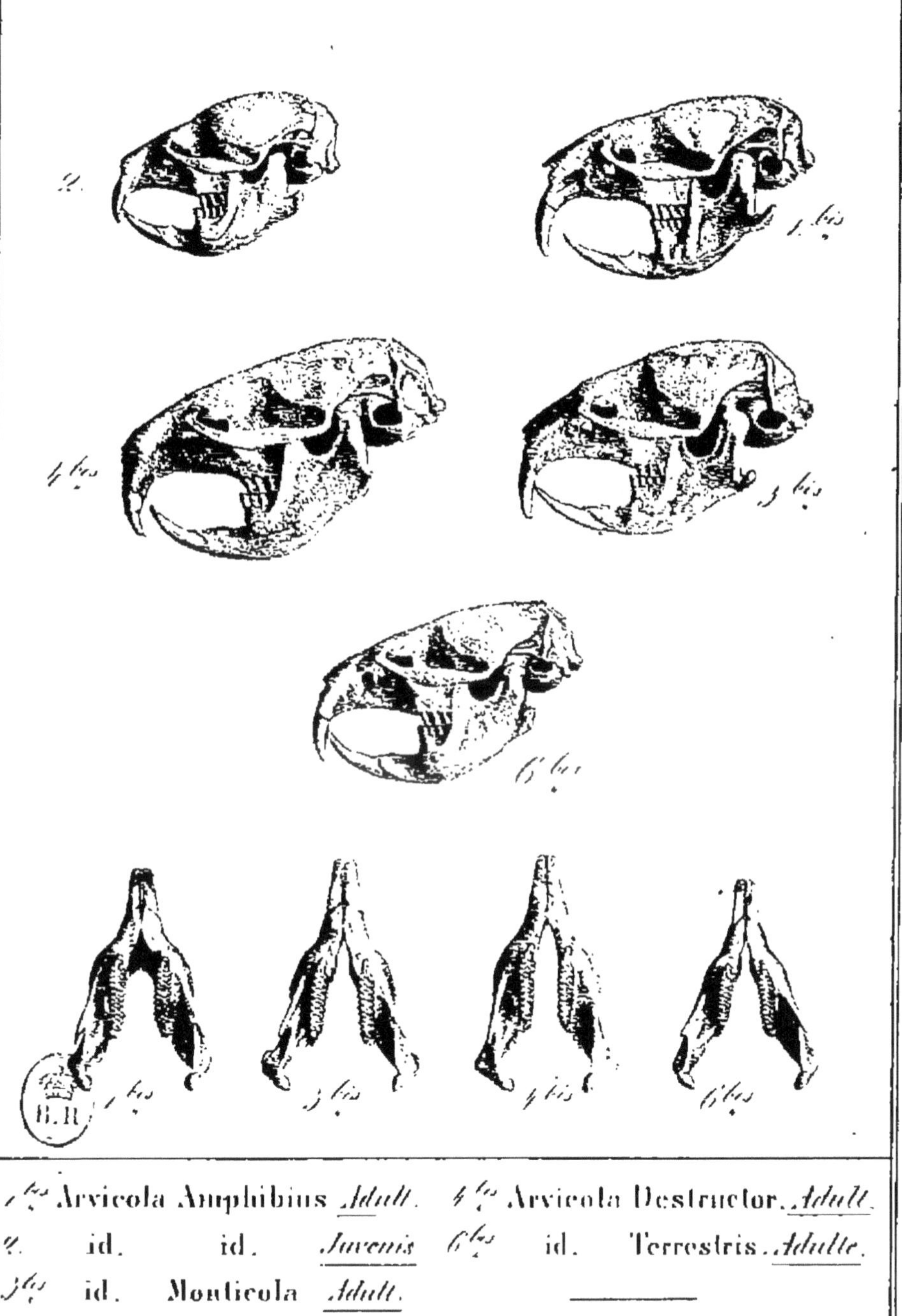

1 bis	Arvicola	Amphibius	*Adult.*	4 bis	Arvicola	Destructor. *Adult.*
2.	id.	id.	*Juvenis*	6 bis	id.	Terrestris. *Adulte.*
3 bis	id.	Monticola	*Adult.*			

Pl. 3.

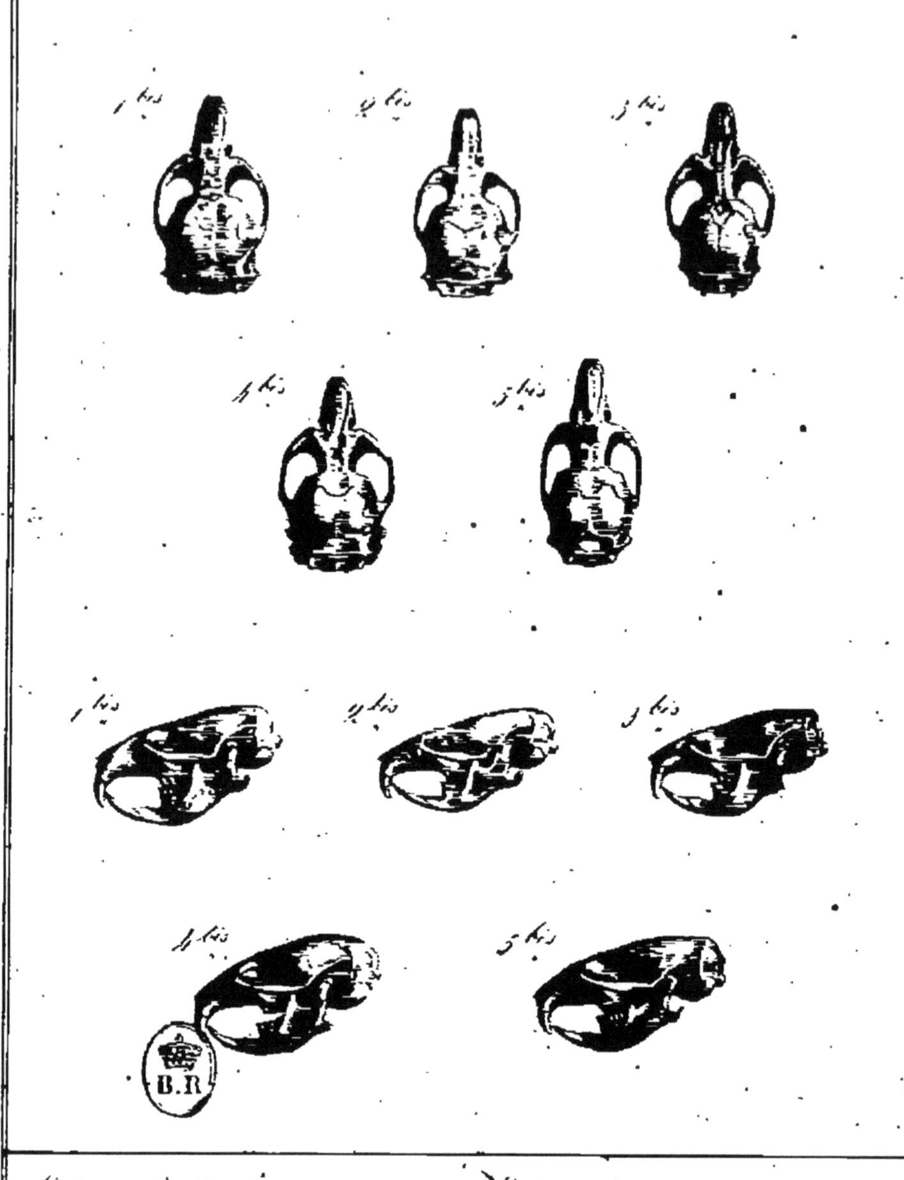

1 bis Arvicola Savii.
2 bis id. Subterraneus.
3 bis id. Arvalis.
4 bis Arvicola Duodecimcostatus.
5 bis id. Rubidus.

www.ingramcontent.com/pod-product-compliance
Ingram Content Group UK Ltd.
Pitfield, Milton Keynes, MK11 3LW, UK
UKHW021048230726
13926UKWH00004B/1716

9 782016 176962